制冷与空调技术工学结合教程

主　编　李文森　赵云伟　张玉清

副主编　王莲英　解成联　崔　岗

参　编　赵　辉　孙丰收　李　军　伍　胜　张　鑫

主　审　葛福会

北京理工大学出版社

BEIJING INSTITUTE OF TECHNOLOGY PRESS

内 容 简 介

本书针对企业人才职业素质和职业能力的要求，按照“立足职业岗位，深度工学结合，体验职业生活，提高职业素质”的原则组织教材内容。本书主要内容包括：培育职业素养；安全生产知识；制冷行业规范；电冰箱的原理和构造；空调器的原理与构造；电冰箱制造加工工艺流程；空调器制造加工工艺流程；制冷与空调维修技术基础；电冰箱故障检测与维修；空调器的常见故障分析与处理。

本书可作为高等职业院校制冷与冷藏技术专业的工学结合实习教材，也可以作为培训机构、企业相关专业的培训教材和相关技术人员参考用书。

图书在版编目（CIP）数据

制冷与空调技术工学结合教程/李文森，赵云伟，张玉清主编. —北京：北京理工大学出版社，2017.12

ISBN 978-7-5682-5017-7

Ⅰ. ①制…　Ⅱ. ①李…　②赵…　③张…　Ⅲ. ①制冷技术－高等学校－教材②空调技术－高等学校－教材　Ⅳ. ①TB6

中国版本图书馆 CIP 数据核字（2017）第 308702 号

出版发行 / 北京理工大学出版社有限责任公司
社　　址 / 北京市海淀区中关村南大街 5 号
邮　　编 / 100081
电　　话 / （010）68914775（总编室）
（010）82562903（教材售后服务热线）
（010）68948351（其他图书服务热线）
网　　址 / http://www.bitpress.com.cn
经　　销 / 全国各地新华书店
印　　刷 / 三河市天利华印刷装订有限公司
开　　本 / 787 毫米×1092 毫米　1/16
印　　张 / 10
字　　数 / 234 千字
版　　次 / 2017 年 12 月第 1 版　2017 年 12 月第 1 次印刷
定　　价 / 28.00 元

责任编辑 / 张旭莉
文案编辑 / 张旭莉
责任校对 / 周瑞红
责任印制 / 马振武

前言

“工学结合”是一种将理论知识学习、职业技能训练和实际工作经历三者结合在一起，使学生在复杂且不断变化的世界中更好地生存和发展的教育方法。在工学结合学习过程中，学生将理论知识应用于与之相关的且能获得报酬的实际工作中，然后将工作中遇到的挑战和见识带回课程，帮助学生在学习中进一步分析与思考。由此可见，不能简单地认为把学生推到社会上实习就是“工学结合”，当然也不能把“工学结合”等同于以往的实习。工学结合的课程(实习)是高职人才培养方案的重要组成部分，在高技能人才培养过程中起着独特作用。编者基于多年的校企合作开展工学结合教育的实践经验，编写了这本面向制冷与空调设备加工生产的工学结合实习教材。

本书具有以下特点。

(1) 针对性强，直接面向工作岗位。本书编写针对制冷与空调技术专业核心岗位群，主要介绍了制冷空调生产企业测试、质检、工艺、基层管理、生产设备维护管理等岗位所需要的知识，并结合具体企业生产、质检、管理给出详尽的案例。

(2) 实用性强，便于使用。本书共由两部分组成，一部分为《制冷与空调技术工学结合教程》，主要介绍岗位需要的知识技能；另一部分为《制冷与空调技术工学结合实习周记》，主要用于学生实习周记、实习总结、成绩评定使用。

(3) 注重职业素养的养成。本书不仅注重学生职业岗位能力的培养，而且始终渗透着对学生基本职业素质的培养。

(4) 案例新颖，取材丰富。本书案例真实、新颖，均取自学生近几年来工学结合实习，具有很强的说服力。

本书由青岛扬帆职业技术学校李文森、山东工业职业学院赵云伟、海信(山东)冰箱有限公司张玉清担任主编，青岛扬帆职业技术学校王莲英、山东工业技师学院解成联、海信(山东)空调有限公司崔岗担任副主编，参加本书编写的还有山东工业职业学院李军、孙丰收、赵辉、海信容声(扬州)冰箱有限公司伍胜、海信(山东)空调有限公司张鑫。青岛扬帆职业技术学校葛福会担任主审，他对本书给予充分肯定，提出很多宝贵意见。同时山东工业技师学院海信校区、青岛东岳职业培训学校、青岛扬帆职业技术学校、海信(山东)冰箱有限公司、海信容声(扬州)冰箱有限公司、海信(山东)空调有限公司等对本书的出版给予大力支持，在此表示衷心的感谢。

由于编者水平有限，书中的不足之处在所难免，敬请读者批评指正。殷切希望得到读者的宝贵意见与建议。

编　者

2017年10月

Contents

目 录

目 录

Contents

目录

目 录

第1章

培育职业素养

引言

《一生成就看职商》的作者吴甘霖回首了自己从职场惨败者到走上成功之道的过程，在总结了比尔·盖茨、李嘉诚、牛根生等著名人物的成功历史的基础上，进一步分析所看到的众多职场人士的成功与失败，得到了一个宝贵的理念：一个人，能力和专业知识固然重要，但是，在职场要成功，最关键的在于他所具有的职业素养。书中提出，一个人在职场中能否成功取决于其“职商”，而职商由以下十大职业素养构成：敬业、发展、主动、责任、执行、品格、绩效、协作、智慧、形象。工作中需要知识，但更需要智慧，而最终起到关键作用的就是这些职业素养。缺少这些关键的素养，一个人将一生庸庸碌碌，与成功无缘。拥有这些素养，会少走很多弯路，以最快的速度通向成功。

1.1 优秀员工应具有的职业素养

中国知网(CNKI)将职业素养做了如下定义：职业素养是指职业内在的规范和要求，是在职业过程中表现出来的综合品质，包含职业道德、职业技能、职业行为、职业作风和职业意识等方面。很多企业界人士认为，职业素养至少包含两个重要因素：敬业精神及合作的态度。敬业精神就是在工作中要将自己作为公司的一部分，不管做什么工作一定要做到最好，发挥出实力，对于一些细小的错误一定要及时地更正，敬业不仅仅是吃苦耐劳，更重要的是“用心”去做好公司分配给的每一份工作。态度是职业素养的核心，好的态度比如负责的、积极的、自信的、建设性的、欣赏的、乐于助人等态度是决定成败的关键因素。

企业对员工的标准要求是：德为先，才必备，自强不息，健康心态，激情工作，制度为先，企业第一。一个人做一件事，需要具备三个方面：知识、态度和技能。知道不知道这件事，是知识水平问题；会不会做和怎样做，是技能问题；而一个人是不是愿意去做，能不能积极主动去做，就是一个的态度问题。知道应该做，也知道怎样做而不去做，事情就不可能做好。但一个人如果有了良好的态度，他可以从不知到知，从知之甚少到知之甚多，从做不好到做好。这中间态度属于思想素养，知识和技能属于业务素养。

要想做一名优秀的员工，就要学会应用科学理论和手段来干好自己的本职工作。这就必须要具备一定的能力素养。能力素养它包括：处理实际问题的能力；善于联系群众的能力；看出隐患的能力；操作现代化设备的能力；还有管理能力和组织能力。

1. 新进企业员工必须有从基础做起的态度

新进员工，无论在校学习成绩是好是差，无论的家庭条件是否优越，进入企业，就要从头做起，从最基础的工作做起。主动擦拭设备，清扫现场，甚至给老师傅们提水倒茶，这样一来，才能很快融入，师傅们才能接受你，真正用心教给你技能，为以后的工作打下良好的基础，否则你可能会白白浪费时间，错失一次学习成长的良机。分到岗位 5 年后就会拉开档次。古人云：“凡成事者，必先苦其心志，劳其筋骨，饿其体肤，空乏其身，然后得志。”

2. 员工要以积极的心态对待工作

在企业里，每个人都在不同的岗位上工作，不管自己目前感觉是否适合自己，都应该尽心尽力地去做好，以一种积极的心态来对待，这样，才能在工作中，取得成绩，得到别人的认可，自己才能有更多的发展机会和空间。否则，整日牢骚满腹，怨天尤人，总是抱怨他人和所处的环境，认为自己生不逢时，以消极的心态对待工作，这种消极情绪会不知不觉地传染给其他人，也使得自己的潜能无法发挥。其实每个人都有着优秀的潜质，然而，整天生活在负面情绪当中，完全享受不到工作的乐趣。一旦机会真的到来了，也不可能抓住，从而使自己进入一个心理怪圈，然而机会总是留给那些有准备的、不懈追求的人。

每个人都有不同的职业轨迹，有的人成为企业里的核心员工，受到领导的器重；有的人一直碌碌无为，无人知晓；有些人牢骚满腹，总认为自己与众不同，而到头来仍一无是处。众所周知，除了少数天才，大多数人的禀赋相差无几。那么，是什么在造就我们、改变我们呢？是“态度”！态度是内心的一种潜在意志，是个人的能力、意愿、想法、价值观等在工作中所体现出来的外在表现。因此，工作的心态对个人的职业发展生涯至关重要。

3. 对待工作要有很强的责任感，这也是员工必须具有的一项基本的素养要求

或许有人会说，只有那些有权力的人才需要很强的责任感，而自己只是一名普通员工，只要把事情做完了就行了。众所周知，企业是由众多员工组成的，大家有共同的目标和相同的利益，企业里的每一个人都负载着企业生死存亡、兴衰成败的责任，因此无论职位高低都必须具有很强的责任感。

缺乏责任感的员工，不会视企业的利益为自己的利益，也就不会因为自己的所作所为影响到企业的利益而感到不安，更不会处处为企业着想，遇事总是推卸责任。这样的人是不可靠的，企业是不可以委以重任的，如果长期缺少对工作的责任感，势必会对企业造成很大的负面影响，这部分人最终将被淘汰。

一个有责任感的员工，不仅仅要完成他自己分内的工作，而且要时时刻刻为企业着想。企业也会为拥有如此关注企业发展的员工感到骄傲，也只有这样的员工才能够得到企业的信任。事实上，只有那些能够勇于承担责任并具有很强责任感的人，才有可能被赋予更多的使命，才有资格获得更大的荣誉。

一个员工能力再强，如果他不愿意付出，他就不能为企业创造价值，而一个愿意为企业全身心付出的员工，即使能力稍逊一筹，也能够创造出最大的价值来。当责任感成为一种习惯，成了一个人的生活态度，我们就会自然而然地工作，就不会觉得麻烦和劳累，就会快乐地享受工作，就会自然而然取得成绩，对己对企业都有很大的益处，因此说："责任比能力更重要。"

4. 具备良好的团队协作精神，也是企业员工最基本的素养要求

任何一个组织想取得成功，团队成员的协作精神是最起码的素养要求。一个人，不管你有多么聪明，不论你有多高的水平，单个的力量总是有限的。只有集大家的力量才能做成大事，企业要发展，个人要成功，也只有靠团队。团队精神其实就是一种融合，这个融合是指企业的组成人员有着共同的宗旨、共同的使命、共同的理念，为着共同的目标，走向共同的方向。虽然每个人的方法可能会有所不同，但没有人排斥创新，互相敬重，互相学习，以企业的最高利益至上，个人利益服从集体利益，个人思想服从集体思想，个人行为服从集体行为。一个企业要形成真正的团队精神，必须经过不断相互沟通、互相认可、互相调整。一个团队里，人与人之间最忌自我设限，欠缺协调能力。协作是团队精神的实质。许多的人组合在一起，能力有大有小，个人的专长和专业各不相同，如果不懂得协调，不相互取长补短，团队就毫无战斗力可言，也就谈不上团队精神了。

5. 员工还应具备不断学习的精神

不管从事什么样的岗位，都必需掌握一定的工作技能，这是最基本要求。要得到技能，唯一办法就是学习。向同事学，向领导学，向有经验的人学。个人技能的提高，不仅对企业有益处，同时自己也会收益很大。在社会快速发展的时代，新知识、新技术不断推陈出新，这就更需要员工不断学习，提高技能，以适应新形势的需要，否则，不注重自身学习提高，必将最终被淘汰。

6. 对企业的忠诚，也是员工应具备的素养之一

在现今社会里，并不缺乏有能力的人，其实绝大部分人的能力相差并不多，那种既有能力又忠诚的人是每个企业渴求的最理想员工。企业宁愿信任一个能力稍差却忠诚敬业的人，也不愿重用一个朝三暮四，视忠诚为无物的人。忠诚于企业的员工，会努力工作，在本职工作之外，还能积极为企业献计献策，尽心尽力地做好每一件力所能及的事，而不是边做事情边发牢骚。

员工对企业忠诚必将转化为一种敬业精神，化为一种品质，工作会更加积极主动，勤奋认真，一丝不苟。这对个人来说能获得更多宝贵的经验和成就，还能从中体会到快乐，并能得到同事的钦佩和关注，还可能受到重用和提拔。所以作为企业员工，要不断提高对企业的忠诚度，培养自己的敬业精神，才能在企业这个平台上，取得更大的成就。

1.2 大学生职业素养的培养

大学生的职业素养问题，近年来一直是人们所普遍关注的问题。大学生个人职业素养水平在很大程度上决定着自己是否能被自己认可和被他人认可，直接影响到今后职业生涯的发展，甚至对家庭和社会生活也有重要影响。随着中国经济的高速发展、知识经济时代的来临，企业对高素养人才的需求越来越高，对大学生的职业素养也提出更高的要求。随着用人单位对人才选择自由度的提高，用人单位的择人观发生着变化，不再考虑“名校效应”、户籍等因素，取而代之的是专业技能、专业知识、工作经验、敬业精神和职业道德等职业素养范围内的因素。

所谓职业素养就是劳动者对社会职业了解与适应能力的一种综合体现，其主要表现在职业兴趣、职业能力、职业个性及职业情况等方面。大学生的综合能力主要体现在职业技能和职业素养两个主要方面。职业技能包含了职业的知识、经验和技能三个主要因素；而职业素养包括职业理想和职业道德两个主要因素。影响和制约职业素养的因素很多，主要包括：受教育程度、实践经验、社会环境、工作经历以及自身的一些基本情况。一般情况下，劳动者能否顺利就业并取得成就，在很大程度上取决于本人的职业素养，职业素养越高的人，获得成功的机会就越多。

目前大学生的职业技能和职业素养都存在一些问题，首先是职业技能水平有待提高。目前的社会分工细化趋势不断加强，新兴职业不断出现，使职业的种类越来越多样化，大学生接受教育的知识面也随之变窄。大学生在大学期间掌握职业技能的观念还没有深化，技能水平一般化，与企业的要求脱节。大学教育阶段虽然安排了实习或者社会实践等课时，但是存在实习时间太短、力度不够等问题，使大学生缺少在相关职业岗位上的真正锻炼。

其次，职业素养有待加强。从《职业》杂志与搜狐教育频道于 2009 年共同设计的《大学生就业职业指导现状》调查结果来看，调查的总人数 9 778 人中，有 52%从没有研究过即将进入的职场是什么样子，对目标公司的选才要求和用人标准回答“不清楚”的人占 23.9%，回答“还行吧，大概能想象”的人占 33.9%；同时，有 51.4%的人对“你清楚考虑过自己以后的职业发展吗?”感到茫然。这些问题反映出大学生职业观念不强，学生在学校

还只是重视考试的分数，与社会需求脱节，职业道德水平也有待提高。大学生求职过程存在缺乏诚信的问题，如：夸大学习成绩、伪造各类证书、编造工作经验等。据相关调查，现在许多用人单位对大学生职业心理素养评价并不高，有些大学生已经掌握一定专业知识和专业技能却不被企业认可，这是由于大学生的职业心理素养缺失造成的。有些大学生的心理素养与用人单位所需求员工心理素养的要求相差甚远，如：大学生受“先择业，后就业”的思想影响，在社会上跳槽频繁，有的甚至还不知道自己是否能胜任工作就要走人，也给人一种信誉缺失的感觉，种种现象都折射出大学生不成熟的心理素养，成为当今大学生在激烈的人才市场竞争的绊脚石，影响了大学生早日成才与成功。

大学生的职业技能直接关系到其是否能够获得就业上岗的机会，是通向职场的“通行证”，是求职的“硬件”条件。职业技能主要从专业知识、专业技能和工作经验等三个方面进行培养。学生可以通过自主性学习和创造性学习两方面来拓展知识面。自主性学习要求学习者主动学习知识，制订适合自身的学习计划，并坚持计划顺利实施。创造性学习要求学习者采用科学高效的学习方法，探索未知的知识领域，以适应变化发展的职场要求。专业技能培养实际操作能力，就是要求大学生重视自己的专业技能训练，并完成从理论到实践的过渡，如：积极参加各种科技创新活动，把自己所学的专业知识应用于实践，可以锻炼大学生的学习能力、团结合作能力，提高大学生的科学精神与创新能力。工作经验积累要求大学生真正重视实习和社会实践，提高实效性。实习和社会实践不仅能让他们开拓视野，同时也能够充分了解社会对本专业的真实需求，并把专业知识和技能融入实践过程中，提高他们处理实际问题的能力，积累工作经验。

职业素养和职业技能相比，职业素养更多地体现了大学生的品质特点，属于大学生求职的“软件”条件。培养职业素养主要从以下几个方面着手。

首先，树立科学的职业观和职业理想。一个人进入职业生涯，实现职业生涯的成功，是要通过职业这一平台来实现的。在大学职业准备阶段，大学生确立什么样的职业观，树立什么样的职业理想，才能为职业生涯发展打下良好的基础，为今后的工作生活做好铺垫呢？现实中，有些人一生荣耀，可问其是否幸福，答案却是否定的；有的人虽然没有显赫地位，但是他们热爱自己的工作，热爱生活，生活得非常快乐，这与他们的科学的职业观与职业理想密切相关。职业理想有其目标价值，具有超前性和导向性的特点，对人们能够产生吸引、激励作用。由于当前国际、国内形势的种种变化，有些大学生对前途感到困惑、迷茫。所以，在大学时代只有树立科学的职业观，才能把大学生的思想引到积极、健康的方向，激发他们的精神动力，塑造健全的个体人格。

其次，重视职业道德的培养。职业道德是指在一定的职业活动中所应该遵循的、具有自身职业特征的道德准则。职业道德是一种高度社会化的社会角色道德，既有各个职业所共同具有的一般要求，又具有鲜明的职业特征，每一个大学生都应恪守“高度的责任感、对工作敬业、遵守职业规范、诚实守信”的职业道德准则。

然后，培养良好的职业心理素养。职业心理素养培养是帮助大学生解决在未来择业过程中所面临的各种具体的心理问题，如：职业角色意识、抗挫折能力、健全人格、交往能力、成功心理的培养等，这些素养会直接影响到学生个人的职业发展。培养大学生职业心理素养是一个全方位、全过程的系统工程。因此，培养良好的职业心理素养对大学生来说特别重要。当然，良好的职业心理素养也是与个人的能力高低分不开的。

职业素养的培养除了自身的努力之外，还需要一个良好的外部培养环境和平台。培养人才的高校，既是科学、文化知识的创造基地，也是科学、文化知识的传播场所，培养素养高、能力强的人才具有义不容辞的责任。高校首先应该积极调整办学思想，深化教学改革，构建新的人才培养模式，在培养方式、专业设置、教学内容与方法等方面下功夫。其次，要培养和建设高素养的职业指导师资队伍。再次要积极为学生创建提高职业素养的条件和平台，如：加强实验室建设，与企业联合建立实践基地等。最后，还要强化学生的思想教育工作，在校园里树立勤奋、严谨、求实、创新的良好校风和学风，引导学生刻苦勤奋求学、诚实守信做人。

1.3 工学结合与职业素养

工学结合教育模式由来已久，最早可以追溯到英国桑得兰德技术学院(Sunder Land Technical College)工程系和土木建筑系于1903年开始实施的“三明治”教育模式(Sandwich Education)。英国出现三明治教育模式以后的第3年，也就是1906年，美国俄亥俄州辛辛那提大学(University of Cincinnati)开始实施与英国基本相同的工学结合教育模式，并称之为“合作教育”(Cooperative Education)。1983年世界合作教育协会(World Association for Cooperative Education)在美国成立，总部设在美国马萨诸塞州波士顿的东北大学(Northeastern University)，协会成员来自40多个国家，每年召开一次国际性会议，影响越来越大。2000年协会理事会经讨论决定，将合作教育改为“与工作相结合的学习”(Work-integrated Learning)，以进一步从名称上凸显工学结合的基本特征，便于理解。

工学结合教育模式之所以能持续100年经久不衰，主要归功于它切合实际的理念，那就是以职业为导向，以提高学生就业竞争能力为目的，以市场需求为运作平台。美国曾于1961年在福特基金会的支持下进行了一次对工学结合教育模式的调查。调查形成了“威尔逊—莱昂斯报告”，后又编撰成《学习与工作相结合的大学计划》一书，于1961年出版。该项调查认为，工学结合教育模式给学生带来了以下几方面的利益：

(1) 使学生将理论学习与实践经验相结合，从而加深对自己所学专业的认识；

(2) 使学生看到了自己在学校中学习的理论与工作之间的联系，提高他们理论学习的主动性和积极性；

(3) 使学生跳出自己的小天地，与成年人尤其是工人接触，加深了对社会和人类的认识，体会到与同事建立合作关系的重要性；

(4) 为学生提供了通过参加实际工作来考察自己能力的机会，也为他们提供了提高自己环境适应能力的机会。学生们亲临现场接受职业指导、经受职业训练，了解到与自己今后职业有关的各种信息，开阔了知识面，扩大了眼界；

(5) 为许多由于经济原因不能进入大专院校学习的贫穷学生提供了经济来源和接受高等教育的机会；

(6) 使学生经受实际工作的锻炼，大大提高了他们的责任心和自我判断能力，变得更加成熟；

(7) 有助于学生就业的选择，使他们有优先被雇主录取的机会，其就业率高于未参加合作教育的学生。

工学结合是一种将校内学习与实际工作相结合的教育模式，其目的是把学生由知识体系导向工作体系，实现抽象知识与岗位实用技能的转化，并通过真实的企业文化和职业氛围，实现职业道德的培养。通过工学结合把学生课堂搬到企业，让学生边做边学，学做结合。采取这种形式的校企合作，让学生在校期间就提前感受到了企业文化，提高了对企业的认同感，提前适应企业对工作人员的职业素养。这就是高职、高专大学生职业素养培养最好的切入点。

工学结合包含工和学两个方面，学而习之，习而再学之，循环交替，互相促进，互为补充。工和学的内容应具有密切的相关性，为工而学，为学而工，工和学贯穿于整个人才培养过程之中，其目的都是围绕人才培养目标，培养具有岗位针对性、与社会需求紧密结合的高技能人才。工学结合的教学过程充分体现了实践性、开放性和职业性的特点，符合职业教育的本质规律，贴近社会经济发展的需求。

现代社会以开放为其显著特点，外界信息、能量的渗透力极强，各种社会现象、社会思潮纷至沓来，对身处其中的学生带来的干扰和冲击很大，影响直接而深刻。而规模较大、管理规范的企业的微观环境，即制度环境、文化环境、人际环境等，相对来说要优于复杂的社会宏观环境，它作为学校和社会间的中介环境，也作为学生全面社会化的一个缓冲过渡环境，对学生职业素养的培养起着独特的作用。

高校学生经过一段时间的学校学习，一般都掌握了一定的知识和技能。教学中，老师传授的职业道德理论与企业的要求相融合，并迅速转化到现实的职业行为中，内化为学生的职业信念，养成了良好的职业习惯。通过建立实习基地，经常组织他们运用所学服务企业，对培养高校学生的职业素养也颇有好处。这种实践既熟练了自己所学的技术，又提升了自身的公民意识和社会责任感，从而塑造出完整的人格，将大学生的职业素养提升到一个新的高度。

通过工学结合，学生对现代化工厂职工的基本要求、应具备的素质有了深刻的体会，毕业后能迅速适应企业环境，缩短了入厂适应期，受到厂方欢迎。学生学习有目标，毕业有业可就，专业对口，无后顾之忧。并通过企业实习增强学生的职业技能，提高学生的社会责任感。

学生通过参与企业的生产实践，对将要从事的行业概况、企业文化、职业氛围有了深入的了解，对目标就业岗位的工作性质、技能要求有了初步的认识，有利于职业生涯的规划、职业道德的形成以及学习积极性的提高。工学结合为学生构建了从学校教育到职业教育的桥梁，使理论知识与实践经验相结合，帮助学生尽早实现从学生角色到职业人角色的转变，有利于职业技能的培养和职业素养的养成，也有利于就业竞争力和就业质量的提高。

习近平总书记在 2013 年 9 月份、10 月份分别出访中亚和东南亚时提出了两项重要倡议“丝绸之路经济带”和“21 世纪海上丝绸之路”（简称“一带一路”）。在 2015 年 3 月 28 日由国家发展改革委、外交部、商务部经国务院授权，联合发布的《推动共建丝绸之路经济带和 21 世纪海上丝绸之路的愿景与行动》中，强调了“一带一路”的合作重点，即实现政治沟通、设施联通、贸易畅通、资金融通、民心相通。而职业教育则是为了通过培养的人促进民心相通。在“一带一路”倡议下，高职教育面临着巨大的发展机遇。“一带一路”倡议的实施推动了沿线国家基础设施建设，有助于亚欧大陆的经济振兴，促进全球经济可持续发展。“一带一路”倡议实施不仅对我国及沿线国家的经济发展产生了重大影响，也给高校人才培养带来了前所未有的机遇和挑战。开放型教育、创新型教育等将成为必要的人才培养方式，也为当代大学生提供更具生命力的就业平台以及对万众创业提供了更多的机遇。这就需要通过工学结合培养出“一带一路”建设所紧缺的各个专业高技能人才。随着“一带一路”倡议的实施，教育体系要满足未来发展的需要，大量高技术、高素质人才在社会中扮演着重要角色，对人才的数量与质量需求将越来越多、越来越高。面对未来社会发展的高质量、高素质需求，社会对高校大学生的培养工作提出了更新、更高、更全面的要求，培养与“一带一路”建设相契合、适应时代发展的新型高素质人才成为历史的必然。“一带一路”倡议实施要求当代大学生能够熟练运用专业知识进行创新型、创造型工作，并发挥创造能力。

工学结合为学生提供了通过参加实际工作来考察自己能力的机会，也为他们提供了提高自身适应环境能力的机会。学生们亲临现场接受职业指导、经受职业训练，了解到与自己今后职业有关的各种信息，开阔了知识面，扩大了眼界，增强了职业意识。职业精神不仅仅体现在敬业上，还体现在不计报酬的付出与超越，具有职业精神的人往往更注重成就感和自我价值，因此他们会不断地改进新方法，不断地创造新奇迹。同时，通过与同事的竞争与合作，加深了他们对社会的认识，有利于锻造竞争精神，增强团队合作意识；通过实战锻炼，大大提高了他们的责任心和自信心，而竞争精神、团队意识、责任、自信正是职业精神的源泉。昔日的同学、身边的榜样更容易激发人的斗志，对塑造他们的职业精神具有良好的促进作用。

本章小结

职业院校根据学生知识水平的需求进行校外实训基地工学交替实习。通过“带薪实习”的方式，工学交替、校企合作共同培养学生的职业素质和职业能力，解决学生对岗位认识不足，对所学知识、技术的重要性模糊和毕业生在进入企业后需要较长的时间才能适应社会、适应工作等问题，使学生在走出校门之前能够更好地认识社会、体会工作，培养劳动观念和劳动意识，树立正确的择业观和就业观。带薪实习可作为学生必修课来实行。在工厂中，让学生身临工业现场，体会先进规范的企业管理(6S 管理)以及规范严格的技术操作，学会解决工作中遇到的问题。学生通过在企业实训基地实训，充分融入企业氛围之中，可以受到优秀员工良好的职业精神的熏陶，感受企业独特的企业文化，传递企业的效率意识、竞争意识、服务意识、团队精神等，从而达到对学生实施有效的职业教育和规范管理，全方位地提高学生职业素养，更好地适应未来工作环境。

第2章

安全生产知识

引言

我国在工伤事故统计中，按照《企业职工伤亡事故分类》(GB 6441—1986)将企业工伤事故分为20类，分别为：物体打击、车辆伤害、机械伤害、起重伤害、触电、淹溺、灼烫、火灾、高处坠落、坍塌、冒顶片帮、透水、放炮、瓦斯爆炸、火药爆炸、锅炉爆炸、容器爆炸、其他爆炸、中毒和窒息及其他伤害等。

工厂生产场所是一个特殊的作业环境，它不像学校和家庭，它有机械、电器设备、厂内机动车、易燃易爆危险物品等易发生伤亡事故的致害因素。受环境的制约，不掌握必要的安全知识，就可能发生伤亡事故，造成一生的痛苦。而新入职的员工是工伤多发群体。新入职的员工如果不进行任何安全操作培训而直接上岗，将会大大增加工伤事故发生的概率。

2.1　国家安全法律法规简介

1.《中华人民共和国宪法》

《中华人民共和国宪法》(简称《宪法》)是我国的根本大法，是制定安全生产法规的法律依据和指导原则。《宪法》对安全生产和劳动保护所做的规定有如下几条。

第四十二条　中华人民共和国公民有劳动的权利和义务。国家通过各种途径，创造劳动就业条件，加强劳动保护，改善劳动条件，并在发展生产的基础上，提高劳动报酬和福利待遇。……国家对就业前的公民进行必要的劳动就业训练。

第四十三条　中华人民共和国劳动者有休息的权利。国家发展劳动者休息和休养的设施，规定职工的工作时间和休假制度。

第四十八条　……国家保护妇女的权利和利益，实行男女同工同酬……

任何安全生产法律、法规不得与这三项原则相悖。

2.《中华人民共和国安全生产法》

《中华人民共和国安全生产法》(2002 年 6 月 29 日第九届全国人民代表大会常务委员会第二十八次会议通过，自 2002 年 11 月 1 日起施行)。

摘录：

第三条　安全生产管理，坚持安全第一、预防为主的方针。

第四条　生产经营单位必须遵守本法和其他有关安全生产的法律、法规，加强安全生产管理，建立、健全安全生产责任制度，完善安全生产条件，确保安全生产。

第二十三条　生产经营单位的特种作业人员必须按照国家有关规定经专门的安全作业培训，取得特种作业操作资格证书，方可上岗作业。

特别提示

“安全第一”的含义是指安全生产是全国一切经济部门和生产企业的头等大事，当生产和安全发生矛盾时，必须先解决安全问题，使生产在确保安全的情况下进行。

“预防为主”的含义是指把安全的工作重点放在依靠立法、政策引导和企业更新改造、技术进步、科学管理上，通过改善劳动安全卫生条件，消除事故隐患和危害因素，从根本上防止事故的发生。同时，要求我们防微杜渐，防患于未然，把事故和职业危害消灭在发生之前。伤亡事故和职业危害不同于其他事情，一旦发生往往很难挽回，或者根本无法挽回。到那时，“安全第一”也就成了一句空话。

《安全生产法》规定的从业人员的十项权利和四项义务。

1) 十项权利

(1) 合同权：“第四十四条 生产经营单位与从业人员订立的劳动合同，应当载明有关保障从业人员劳动安全、防止职业危害的事项，以及依法为从业人员办理工伤社会保险的事项”。

特别提示

我国有一部关于合同的法律，叫做《劳动合同法》，已于 2008 年 1 月 1 日开始实施，也是对劳动合同的进一步明确。

(2) 知情权："第四十五条 生产经营单位的从业人员有权了解其作业场所和工作岗位存在的危险因素、防范措施及事故应急措施……"

(3) 建议权："第四十五条　……有权对本单位的安全生产工作提出建议。"

(4) 批评、检举及控告权(不得报复)："第四十六条 从业人员有权对本单位安全生产工作中存在的问题提出批评、检举、控告……"

(5) 获得合格的劳动防护用品权："第三十七条 生产经营单位必须为从业人员提供符合国家标准或者行业标准的劳动防护用品，并监督、教育从业人员按照使用规则佩戴、使用。"

(6) 培训权："第二十一条 生产经营单位应当对从业人员进行安全生产教育和培训，保证从业人员具备必要的安全生产知识，熟悉有关的安全生产规章制度和安全操作规程，掌握本岗位的安全操作技能。未经安全生产教育和培训合格的从业人员，不得上岗作业。"

(7) 拒绝危险权(不得报复)："第四十六条　……有权拒绝违章指挥和强令冒险作业。"

(8) 紧急避险权："第四十七条 从业人员发现直接危及人身安全的紧急情况时，有权停止作业或者在采取可能的应急措施后撤离作业场所。"

(9) 工伤索赔权："第四十八条 因生产安全事故受到损害的从业人员，除依法享有工伤社会保险外，依照有关民事法律尚有获得赔偿的权利的，有权向本单位提出赔偿要求。"

(10) 工会监督权："第五十二条 工会有权对建设项目的安全设施与主体工程同时设计、同时施工、同时投入生产和使用进行监督，提出意见。工会对生产经营单位违反安全生产法律、法规，侵犯从业人员合法权益的行为，有权要求纠正；发现生产经营单位违章指挥、强令冒险作业或者发现事故隐患时，有权提出解决的建议，生产经营单位应当及时研究答复；发现危及从业人员生命安全的情况时，有权向生产经营单位建议组织从业人员撤离危险场所，生产经营单位必须立即作出处理。工会有权依法参加事故调查，向有关部门提出处理意见，并要求追究有关人员的责任。"

2) 四项义务

(1) 遵章守规，服从管理的义务："第四十九条　从业人员在作业过程中，应当严格遵守本单位的安全生产规章制度和操作规程，服从管理……"依照法律规定，生产经营单位的从业人员不服从管理，违反安全生产规章制度和操作规程的，由生产经营单位给予批评教育，依照有关规章制度给予处分，造成重大事故，构成犯罪的，依照刑法有关规定追究刑事责任。"

(2) 正确佩戴和使用劳保用品的义务：正确佩戴和使用劳动防护用品是从业人员必须履行的法定义务，这是保障从业人员人身安全和生产经营单位安全生产的需要。从业人员不履行该项义务而造成人身伤害的，生产经营单位不承担法律责任。

(3) 接受培训，掌握安全生产技能的义务："第五十条　从业人员应当接受安全生产教育和培训，掌握本职工作所需的安全生产知识，提高安全生产技能，增强事故预防和应急处理能力。”这对提高生产经营单位从业人员的安全意识、安全技能，预防、减少事故和人员伤亡，具有积极意义。

(4) 发现事故隐患及时报告的义务：“第五十一条　从业人员发现事故隐患或者其他不安全因素，应当立即向现场安全生产管理人员或者本单位负责人报告；接到报告的人员应当及时予以处理。”这就要求从业人员必须具有高度的责任心，防微杜渐，防患于未然，及时发现事故隐患和不安全因素，预防事故发生。

3. 中华人民共和国劳动法

《中华人民共和国劳动法》(1994 年 7 月 5 日第八届全国人民代表大会常务委员会第八次会议通过，自 1995 年 1 月 1 日起施行)。

摘录：

《劳动法》第四章为“工作时间和休息休假”制度的规定。

第三十六条　国家实行劳动者每日工作时间不得超过八小时，平均每周工作时间不超过四十四小时的工作制度。

第三十八条　用人单位应保证劳动者每周至少休息一日。

第三十九条　企业因生产特点不能实行本法第三十六条、第三十八条规定的，经劳动行政部门批准，可以实行其他工作和休息办法。

第四十一条　用人单位由于生产经营需要，经与工会和劳动协商后可以延长工作时间，一般每日不得超过一小时，因特殊原因需延长工作时间的，在保障劳动者身体健康的条件下延长工作时间每日不得超过三小时，但是每月不得超过三十六小时。

“劳动法第六章为劳动安全卫生”方面的规范。

第五十二条　用人单位必须建立、健全劳动安全卫生制度，严格执行国家劳动安全卫生规程和标准，对劳动者进行劳动安全卫生教育，防止劳动过程中的事故，减少职业危害。

第五十三条　劳动安全卫生设施必须符合国家规定的标准。新建、改建、扩建工种的劳动安全卫生设施必须与主体工程同时设计、同时施工、同时投入生产和使用。

第五十四条　用人单位必须为劳动者提供符合国家规定的劳动安全卫生条件和必要的劳动防护用品，对从事职业危害作业的劳动者应当定期进行健康检查。

第五十五条　从事特种作业的劳动者必须经过专门培训并取得特种作业资格。

第五十六条　劳动者在劳动过程中必须严格遵守安全操作流程，劳动者对用人单位管理人员违章指挥和冒险作业，有权拒绝执行；对危害生命安全和身体健康的行为，有权提出批评，检举和控告。

《劳动法》第七章为“女职工和未成年工特殊保护”方面的条款。

主要内容如下。

第五十八条　国家对女职工和未成年工实行特殊劳动保护。未成年工是指年满十六周岁未满十八周岁的劳动者。

第五十九条　禁止安排女职工从事矿山井下、国家规定的第四级体力劳动强度的劳动和其他禁忌从事的劳动。

第六十条　不得安排女职工在经期从事高处、低温、冷水作业和国家规定的第三级体力劳动强度的劳动。

第六十一条　不得安排女职工在怀孕期间从事国家规定的第三级体力劳动强度的劳动和孕期禁忌从事的劳动。对怀孕七个月以上的女职工，不得安排其延长工作时间和夜班劳动。

第六十二条　女职工生育享受不少于九十天的产假。

第六十三条　不得安排女职工在哺乳未满一周岁的婴儿期间从事国家规定的第三级体力劳动强度的劳动和哺乳期禁忌从事的其他劳动，不得安排其延长工作时间和夜班劳动。

第六十四条　不得安排未成年工从事矿山井下、有毒有害、国家规定的第四级体力劳动强度的劳动和其他禁忌从事的劳动。

第六十五条　用人单位应对未成年工定期进行健康检查。

4. 《中华人民共和国消防法》

最新修订通过《中华人民共和国消防法》于 2009 年 5 月 1 日起施行。

摘录：

(1) 第二条 消防工作贯彻预防为主、防消结合的方针，按照政府统一领导、部门依法监管、单位全面负责、公民积极参与的原则，实行消防安全责任制，建立健全社会化的消防工作网络。

(2) 第五条 任何单位和个人都有维护消防安全、保护消防设施、预防火灾、报告火警的义务。任何单位和成年人都有参加有组织的灭火工作的义务。

(3) 第二十一条 禁止在具有火灾、爆炸危险的场所吸烟、使用明火。因施工等特殊情况需要使用明火作业的，应当按照规定事先办理审批手续，采取相应的消防安全措施；作业人员应当遵守消防安全规定。

(4) 第二十三条 进入生产、储存易燃易爆危险物品的场所，必须执行消防安全规定。禁止非法携带易燃易爆危险品进入公共场所或者乘坐公共交通工具。储存可燃物资仓库的管理，必须执行消防技术标准和管理规定。

(5) 第二十八条 任何单位、个人不得损坏、挪用或者擅自拆除、停用消防设施、器材，不得埋压、圈占、遮挡消火栓或者占用防火间距，不得占用、堵塞、封闭疏散通道、安全出口、消防车通道。

2.2　机械安全基础知识

1. 机械设备的危险部位

(1) 旋转部件和成切线运动部件间的咬合部，如传输皮带轮、链轮、齿轮等。

(2) 转动轴、旋转的凸块和孔。

(3) 对向旋转部件的咬合处，如滚轧轮等。转动部件和固定部件的咬合处。

(4) 接近类型。如压力机的滑块、冲压机等。

常见旋转装置如图 2.1 所示。

图 2.1　常见旋转装置

2. 机械设备作业不安全事项

(1) 忽视安全、忽视警告出现错误操作。如：站立位置不当，设备无原则的超速运行，冲压作业时手进入危险范围，用压缩空气吹扫清洁等。

(2) 拆除(关停)安全装置，错误调整安全装置，使装置失效。

(3) 用手代替工具直接接触设备的运动部位。

(4) 攀、坐在不安全的位置。

(5) 在设备运行时进行修理、加油等维护行为。

(6) 不使用(或使用失效的)个人防护用具。

(7) 不安全着装(过于肥大的衣服、高跟鞋、拖鞋等)。

(8) 维修设备时无设安全监护。

(9) 不必要的奔跑作业。

违规操作如图 2.2 所示。

图 2.2　违规操作

图 2.2　违规操作(续)

2.3　电 气 安 全

1. 电气安全基础知识

(1) 不得随便乱动或私自修理车间内的电气设备。

(2) 经常接触和使用的配电箱、配电板、闸刀开关、按钮开头、插座、插销以及导线等，必须保持完好，不得有破损或将带电部分裸露。

(3) 电气设备发生故障时，首先断开电源开关，然后由电工进行检修。严禁非电工人员修理，以免发生事故。

(4) 车间内的所有电气设备如配电箱、开关盒、电器柜、配电板、电机等，均应保持清洁干燥。周围或内部不准堆放杂物。清扫时不准用水冲洗，更不准用碱水擦洗，以免损坏绝缘。擦拭设备时一律停电、停车进行。危险处所按规定悬挂安全标志。

(5) 任何电气设备在没有验明无电时，一律认为有电，不能盲目触及。

(6) 使用手提电动工具时，应首先检查金属外壳和电线是否漏电，在移动电风扇、照明灯、电焊机等电气设备时，必须先切断电源。

(7) 严格遵守临时线的安装规定。当生产急需安设临时线时，由车间提出申请，经设备部门同意方可装设。

违规的电气操作如图 2.3 所示。

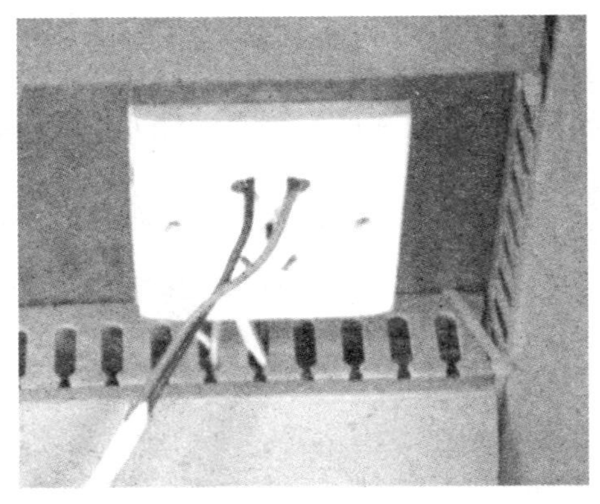

图 2.3　违规的电气操作

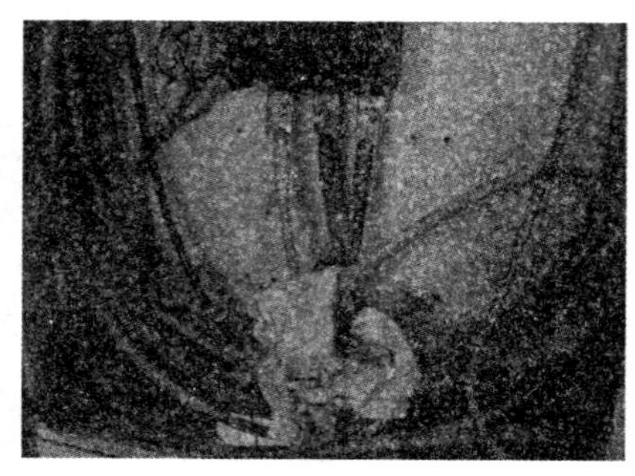

图 2.3　违规的电气操作(续)

2. 触电急救要点

(1) 断电源：若闸刀很近，应立即切断电源。若闸刀较远，可用木板或竹竿，推开触电者或挑开电线。

(2) 组织急救：心肺复苏(CPR-BLS)图解，如图 2.4 所示。

① 一看二听三感觉，摸颈动脉，呼叫急救电话 120。

② 人工呼吸两次。

③ 按压定位，胸骨中下三分之一交界处。

④ 心肺按压 30 次，频率 100 次/分钟。

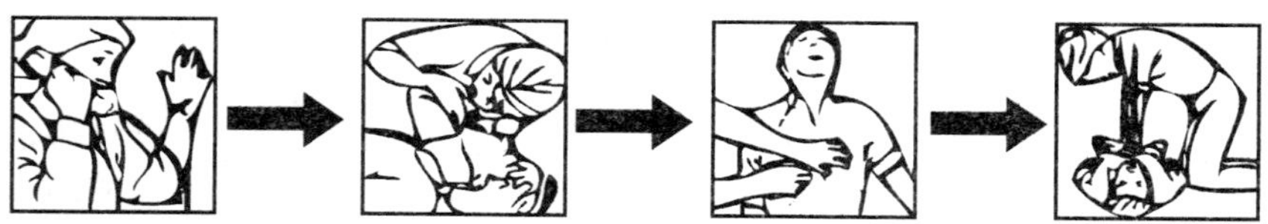

图 2.4　心肺复苏(CPR-BLS)图解

2.4　防火防爆安全

1. 防火防爆安全基础知识

爆炸：分物理爆炸、化学爆炸、核爆炸。

闪点：是指易燃或可燃液体挥发出的蒸气与空气形成的混合物，遇火源能发生闪燃的最低温度。闪燃是引起着火的先兆。(如乙醇、环戊烷。)

爆炸极限：可燃气体、蒸气或粉尘与空气混合达到一定的浓度，遇火源能发生爆炸，这种能发生爆炸的浓度范围称为爆炸极限(LEL)。

燃烧的三要素(基本条件)：可燃物、助燃物、火源。

(1) 可燃物：泡沫、纸箱、热熔胶、环戊烷、异丁烷、乙炔、天那水、柴油、冰箱清洁剂等。

(2) 助燃物：空气、氧气等。

(3) 火源：明火及高温表面、电火花、静电、摩擦与撞击、雷电等。

灭火器的使用方法：①拔下保险；②对准火源根部；③压下压把即可(实际演示)。

灭火器种类及不同火灾时使用情况见表 2-1。

表 2-1　灭火器种类及不同火灾

火灾种类 灭火器种类	橡胶一般火灾	可燃液体火灾	气体火灾	带电火灾
直流水	○	×	×	×
喷雾水	○	×	×	×
1211	○	○	○	○
ABC 干粉	○	○	○	○
二氧化碳	○	○	○	○

灭火器实行周检查：①压力表指针在红线上说明过期、失效，不可以使用；②在绿线上说明完好，可正常使用；③在黄线上说明驱动气体气压不足；④还要对瓶体经常进行检查是否有胶管破损、裂痕等不正常现象。

灭火应注意的其他事项：①人员站在上风或侧上风；②使用灭火器前应先摇晃瓶体；③瓶体向前倾斜 45° 为宜。

2. 防火防爆安全知识——火灾处理

(1) 发生火灾后，要立即拨打火警电话“119”。报警时，不要紧张，简要说清发生火灾地点，烧什么东西，火势大小。有条件的到路口引导消防车进来，争取时间让消防队员及时赶到现场灭火、救人。厂区内报警：按响消火栓上的警铃。

(2) 发生火灾，报完警，首先应进行自救，要利用建筑物内设置的灭火设备进行灭火，一般是，初起火灾首先用灭火器进行灭火，如灭火器不能控制火情，就应马上采用其他灭火系统来灭火(如：水系统、泡沫系统、气体灭火系统)，如果还不能得到控制，那就只能等消防队员来灭火，此时的主要任务是逃生。记住：紧急疏散后集中等待，不要离开。

2.5　企业员工安全操作规范

1. 工作前——检查自己

(1) 检查自己的着装，不要：敞衣袖、戴围巾、鞋带开、穿拖鞋、穿高跟鞋、穿便装，女工把发辫盘起放入帽内。

(2) 检查劳保用品的佩戴是否齐全(设备旋转部位工作时严禁戴手套操作)。

(3) 上班前不准饮酒。

2. 工作前——检查环境

(1) 工作场地是否平整、无油。

(2) 各种工装器具物品的放置是否合理。

3. 工作前——检查工具与设备

(1) 保证安全防护、信号保险装置齐全、灵敏、可靠。

(2) 试启动机械设备，检查设备和排除故障和隐患。

4. 工作中注意事项

(1) 应集中精力，不准打闹、睡觉和做与本职无关的事。

(2) 不准擅自把自己的工作交给他人；不准擅自使用别人的机械设备。

(3) 凡运转设备不准跨越、传递物件和触动危险部位。

(4) 检查修理机械、电气设备时，要先停机断电，必须在电源闸刀或开关处挂警示牌(若启动有较大危险时尽可能设专人在挂牌处监护)。停电牌必须谁挂谁取，非工作人员严禁合闸。开关在合闸前要细心检查，确认无人检修时方准合闸。

(5) 不得随意改变设备的操作方法；各种设备不准超限使用；严禁贪便道跨越危险区；中途停电应关闭电源。

(6) 各种安全防护装置、照明、信号、监测仪表、警戒标志、防雷装置等，不准随意拆除或非法占用。

(7) 各种消防器材、工具应按消防规范设置齐全，不准随便动用。安放地点周围不得堆放其他物品。

(8) 危险作业必须向安全部门申报和办理审批手续，并采取可靠的安全防护措施。

(9) 易燃、易爆等危险场所，严禁吸烟和明火作业。油库、气体供应房、化工库等危险、要害部位，非岗位人员未经批准严禁入内。

安全色与安全标志，如图 2.5 所示。

图 2.5　安全色与安全标志

本章小结

(1) 珍惜生命与健康，一切以安全为前提。

(2) 安全为了自己：重视安全生产首先对自己有利，善待生命，才能为社会和个人创造更大的财富。

(3) 安全为了家庭：重视安全生产给我们一个幸福美满的家庭，其乐融融，哪个人不想享受天伦之乐呢？我们大家都有一个美满幸福的家庭，每天上班，家里和亲人总是盼望我们能高高兴兴上班去，平平安安回家来。

第3章

制冷行业规范

引言

国家标准分为强制性国标(GB)和推荐性国标(GB/T)。国家标准的编号由国家标准的代号、国家标准发布的顺序号和国家标准发布的年号(发布年份)构成。强制性国标是保障人体健康，人身、财产安全的标准和法律及行政法规规定强制执行的国家标准；推荐性国标是指生产、检验、使用等方面，通过经济手段或市场调节而自愿采用的国家标准。但推荐性国标一经接受并采用，或各方商定同意纳入经济合同中，就成为各方必须共同遵守的技术依据，具有法律上的约束性。

《中华人民共和国标准化法》将中国标准分为国家标准、行业标准、地方标准(DB)和企业标准(Q/)4 级。

制冷与空调技术工学结合实习周记

学院（学校）________________________

专业班级____________________________

学生姓名____________________________

指导教师(校内)_______________________

指导教师(校外)_______________________

实习基地名称________________________

实习时间____________________________

工学结合学习须知

1．工学结合学习是高素质技能型人才培养计划的重要组成部分，所有学生都必须按计划进行。对于集中安排的工学结合学习，不参加者，不能获得相应成绩。

2．学生工学结合学习的考核分两部分：一是实习基地对学生的考核，占总成绩的 50%；二是校内指导教师对学生的评价，占总成绩的 50%。

3．对于正常安排的工学结合学习，学生应当严格遵守学院（学校）和实习单位的规章制度，服从管理。

4．学生不得擅离或调换工学结合实习单位。学生未经批准擅离、调换单位的，成绩为零分，期间发生的一切问题由学生本人负责。

5．学生在实习基地应尊重实习基地指导老师，要服从分配，认真工作，并遵守单位的保密制度。若遇到问题，应及时与负责老师联系，由学院（学校）与实习基地协商解决。若因学生原因给学院（学校）声誉造成不良影响，学院（学校）将根据有关规定给予相应处分。

6．认真填写实习周记，每周周末书写周记，下个周的周一把学习手册带进厂里，找班组长写“企业指导教师评价”意见并签名。在离厂的最后一周，要写出“工学结合学习总结”。

7．学生在学习期间，特别是在实习过程中遇到各种问题时，应积极主动与学院（学校）班主任、校内指导老师、实习基地指导老师及家长保持紧密联系，随时沟通，积极妥善处理问题，认真按时填写工学结合记录并进行总结，圆满完成学习任务。

<table>
<tr><td>实习基地名称</td><td></td></tr>
<tr><td>实习基地地址</td><td></td></tr>
<tr><td>实 习 时 间</td><td>自　　　　　　至</td></tr>
<tr><td colspan="2">学 习 目 的</td></tr>
<tr><td colspan="2">学 习 内 容</td></tr>
<tr><td colspan="2">学院（学校）、系部审核

盖　　章
年　　月　　日</td></tr>
</table>

工学结合学习周记　　　　　　　　　　　　　　　　　　第(　　　)周

时间	备注
内容包括：实习岗位及要求、实习内容、学习内容	
企业指导教师评价： 签　名：	学校指导教师评价： 签　名：

工学结合学习周记　　　　　　　　　　第(　　)周

时间	备注
内容包括：实习岗位及要求、实习内容、学习内容	
企业指导教师评价： 签　名：	学校指导教师评价： 签　名：

工学结合学习周记　　　　　　　　　　　　　　　　　　第(　　　)周

时间	备注
内容包括：实习岗位及要求、实习内容、学习内容	
企业指导教师评价： 签　名：	学校指导教师评价： 签　名：

工学结合学习周记 第(　　)周

时间	备注
内容包括：实习岗位及要求、实习内容、学习内容	
企业指导教师评价： 签　名：	学校指导教师评价： 签　名：

工学结合学习周记　　　　　　　　　　　　　　　　第(　　)周

<table>
<tr><td>时间</td><td>备注</td></tr>
<tr><td colspan="2">内容包括：实习岗位及要求、实习内容、学习内容</td></tr>
<tr><td>企业指导教师评价：

签　名：</td><td>学校指导教师评价：

签　名：</td></tr>
</table>

工学结合学习周记　　　　　　　　　　　　　　　　第(　　)周

<table>
<tr><td>时间</td><td>备注</td></tr>
<tr><td colspan="2">内容包括：实习岗位及要求、实习内容、学习内容</td></tr>
<tr><td>企业指导教师评价：

签　名：</td><td>学校指导教师评价：

签　名：</td></tr>
</table>

工学结合学习周记　　　　　　　　　　　　　　　　第(　　)周

时间	备注
内容包括：实习岗位及要求、实习内容、学习内容	
企业指导教师评价： 签　名：	学校指导教师评价： 签　名：

工学结合学习周记　　　　　　　　　　　　　　　　第(　　)周

<table>
<tr><td>时间</td><td>备注</td></tr>
<tr><td colspan="2">内容包括：实习岗位及要求、实习内容、学习内容</td></tr>
<tr><td>企业指导教师评价：

签　名：</td><td>学校指导教师评价：

签　名：</td></tr>
</table>

工学结合学习周记　　　　　　　　　　　　　　　　第(　　　)周

<table>
<tr><td>时间</td><td>备注</td></tr>
<tr><td colspan="2">内容包括：实习岗位及要求、实习内容、学习内容</td></tr>
<tr><td>企业指导教师评价：

签　名：</td><td>学校指导教师评价：

签　名：</td></tr>
</table>

工学结合学习周记　　　　　　　　　　　　　　第(　　)周

<table>
<tr><td>时间</td><td>备注</td></tr>
<tr><td colspan="2">内容包括：实习岗位及要求、实习内容、学习内容</td></tr>
<tr><td>企业指导教师评价：

签　名：</td><td>学校指导教师评价：

签　名：</td></tr>
</table>

工学结合学习周记　　　　　　　　　　　　　　　　第(　　)周

<table>
<tr><td>时间</td><td>备注</td></tr>
<tr><td colspan="2">内容包括：实习岗位及要求、实习内容、学习内容</td></tr>
<tr><td>企业指导教师评价：

签　名：</td><td>学校指导教师评价：

签　名：</td></tr>
</table>

工学结合学习周记　　　　　　　　　　　　　　　　　　第(　　)周

<table>
<tr><td>时间</td><td>备注</td></tr>
<tr><td colspan="2">内容包括：实习岗位及要求、实习内容、学习内容</td></tr>
<tr><td>企业指导教师评价：

签　名：</td><td>学校指导教师评价：

签　名：</td></tr>
</table>

工学结合学习周记　　　　　　　　　　　　　　　　第(　　)周

时间	备注
内容包括：实习岗位及要求、实习内容、学习内容	
企业指导教师评价： 签　名：	学校指导教师评价： 签　名：

工学结合学习周记　　　　　　　　　　　　　　　　　第(　　　)周

时间	备注
内容包括：实习岗位及要求、实习内容、学习内容	
企业指导教师评价： 签　名：	学校指导教师评价： 签　名：

工学结合学习周记　　　　　　　　　　　　　　　　第(　　　)周

<table>
<tr><td>时间</td><td>备注</td></tr>
<tr><td colspan="2">内容包括：实习岗位及要求、实习内容、学习内容</td></tr>
<tr><td>企业指导教师评价：

签　名：</td><td>学校指导教师评价：

签　名：</td></tr>
</table>

工学结合学习周记　　　　　　　　　　　　　　　　第(　　)周

时间	备注
内容包括：实习岗位及要求、实习内容、学习内容	
企业指导教师评价： 签　名：	学校指导教师评价： 签　名：

工学结合学习周记　　　　　　　　　　　　　　　　第(　　　)周

<table>
<tr><td>时间</td><td>备注</td></tr>
<tr><td colspan="2">内容包括：实习岗位及要求、实习内容、学习内容</td></tr>
<tr><td>企业指导教师评价：

签　名：</td><td>学校指导教师评价：

签　名：</td></tr>
</table>

工学结合学习周记　　　　　　　　　　　　　　　　　　第(　　)周

时间	备注
内容包括：实习岗位及要求、实习内容、学习内容	
企业指导教师评价： 签　名：	学校指导教师评价： 签　名：

工学结合学习周记　　　　　　　　　　第(　　)周

时间	备注
内容包括：实习岗位及要求、实习内容、学习内容	
企业指导教师评价： 签　名：	学校指导教师评价： 签　名：

工学结合学习周记　　第(　　)周

时间	备注
内容包括：实习岗位及要求、实习内容、学习内容	
企业指导教师评价： 签　名：	学校指导教师评价： 签　名：

工学结合学习周记　　　　　　　　　　　　　　　　　　　　　　第(　　　)周

时间	备注
内容包括：实习岗位及要求、实习内容、学习内容	
企业指导教师评价： 签　名：	学校指导教师评价： 签　名：

工学结合学习周记　　　　　　　　　　　　　　　　　第(　　)周

时间	备注
内容包括：实习岗位及要求、实习内容、学习内容	
企业指导教师评价： 签　名：	学校指导教师评价： 签　名：

工学结合学习周记　　　　　　　　　　　　　　　　　　　第(　　)周

时间	备注
内容包括：实习岗位及要求、实习内容、学习内容	
企业指导教师评价： 签　名：	学校指导教师评价： 签　名：

工学结合学习周记　　　　　　　　　　第(　　)周

<table>
<tr><td>时间</td><td>备注</td></tr>
<tr><td colspan="2">内容包括：实习岗位及要求、实习内容、学习内容</td></tr>
<tr><td>企业指导教师评价：

签　名：</td><td>学校指导教师评价：

签　名：</td></tr>
</table>

工学结合学习周记　　第(　　)周

<table>
<tr><td>时间</td><td>备注</td></tr>
<tr><td colspan="2">内容包括：实习岗位及要求、实习内容、学习内容</td></tr>
<tr><td>企业指导教师评价：

签　名：</td><td>学校指导教师评价：

签　名：</td></tr>
</table>

工学结合学习周记 第(　　)周

时间	备注
内容包括：实习岗位及要求、实习内容、学习内容	
企业指导教师评价： 签　名：	学校指导教师评价： 签　名：

工学结合学习总结

盖　章

实习基地鉴定
学 校 鉴 定
总 评 成 绩 盖　章 年　月　日

3.1　电冰箱标准体系简介

1. 性能标准(见表 3-1)

表 3-1　电冰箱性能标准

序号	标准号	标准名称
1	GB/T 8059.1—1995	家用制冷器具　冷藏箱
2	GB/T 8059.2—1995	家用制冷器具　冷藏冷冻箱
3	GB/T 8059.3—1995	家用制冷器具　冷冻箱
4	GB/T 8059.4—1993	家用制冷器具　无霜冷藏箱、无霜冷藏冷冻箱、无霜冷冻食品储藏箱和无霜食品冷冻箱
5	JB/T 7244—1994	食品冷柜
6	QB/T 1742—2013	冷(热)饮机
7	QB/T 1843—1993	家用制冷器具　扩散吸收式冷藏箱和冷藏冷冻箱

2. 安全标准(见表 3-2)

表 3-2　电冰箱安全标准

序号	标准号	标准名称
1	GB 4706.13—2008	家用和类似用途电器的安全　电冰箱、食品冷冻箱和制冰机的特殊要求
2	GB 4706.17—2010	家用和类似用途电器的安全　电冰箱、食品冷冻箱和制冰机的特殊要求
3	QB 1436—1992	家用和类似用途电器的安全　电冰箱化霜定时器的特殊要求
4	QB 1743—1993	家用和类似用途电器的安全　冷饮机的特殊要求
5	QB 1842—1993	家用扩散吸收式冷藏箱和冷藏冷冻箱的安全要求

3. 能耗标准(见表 3-3)

表 3-3　电冰箱能耗标准

序号	标准号	标准名称
1	GB 12021.2—2008	家用电冰箱耗电量限定值及能源效率等级

4. 主要零部件标准(见表 3-4)

表 3-4　电冰箱主要零部件标准

序号	标准号	标准名称
1	GB/T 5773—2004	容积式制冷剂压缩机性能试验方法
2	GB/T 9098—2008	电冰箱用全封闭型电动机—压缩机
3	GB/T 10079—2001	活塞式单级制冷压缩机
4	GB/T 18429—2001	全封闭涡旋式制冷压缩机

续表

序号	标准号	标准名称
5	GB/T 23133—2008	家用电冰箱蒸发器
6	GB/T 26689—2011	冰箱、冰柜用硬质聚氨酯泡沫塑料
7	JB/T 10597—2006	封闭式制冷压缩机用三相异步电动机　通用技术条件
8	JB/T 5446—1999	活塞式单机双级制冷压缩机
9	JB/T 6738—2011	封闭式制冷压缩机用单相异步电动机　通用技术条件
10	JB/T 7226—1994	氟利昂冷凝用换热管
11	JB/T 7659.1—2013	氟代烃类制冷装置用辅助设备第 1 部分：储液器
12	JB/T 7659.2—2011	氟代烃类制冷装置用辅助设备第 2 部分：管壳式水冷冷凝器
13	JB/T 7659.3—2011	氟代烃类制冷装置用辅助设备第 3 部分：干式蒸发器
14	JB/T 7659.4—2013	氟代烃类制冷装置用辅助设备第 4 部分：翅片式换热器
15	QB/T 1294—2013	家用和类似用途制冷器具用门密封条
16	QB/T 1295—2013	家用和类似用途制冷器具用门封磁条
17	QB/T 1296—1991	家用电冰箱用电热线
18	QB/T 1435—1992	电冰箱化霜定时器

3.2　空调标准体系简介

1. 性能与安装标准(见表 3-5)

表 3-5　空调性能与安装标准

序号	标准号	标准名称
1	GB/T 7725—2004	房间空气调节器
2	GB/T 17758—2010	单元式空气调节机
3	GB 17790—2008	家用和类似用途空调器安装规范
4	GB 19210—2003	空调通风系统清洗规范
5	GB/T 21361—2008	汽车用空调器
6	GB/T 19411—2003	除湿机
7	GB/T 20738—2006	屋顶式空气调节机组
8	JB/T 9062—1999	采暖通风与空气调节设备涂装技术条件

2. 安全标准(见表 3-6)

表 3-6　空调安全标准

序号	标准号	标准名称
1	GB 4706.17—2010	家用和类似用途电器的安全　电动机—压缩机的特殊要求
2	GB 4706.32—2012	家用和类似用途电器的安全　热泵、空调器和除湿机的特殊要求
3	GB 10080—2001	空调用通风机安全要求
4	JB 9063—1999	房间风机盘管空调器　安全要求

3. 能耗标准(见表 3-7)

表 3-7　空调能耗标准

序号	标准号	标准名称
1	GB 12021.3—2010	房间空气调节器能效限定值及能效等级

4. 主要零部件标准(见表 3-8)

表 3-8　空调主要零部件标准

序号	标准号	标准名称
1	GB/T 5773—2004	容积式制冷剂压缩机性能试验方法
2	GB/T 10079—2001	活塞式单级制冷压缩机
3	GB/T 18429—2001	全封闭涡旋式制冷压缩机
4	GB/T 19232—2003	风机盘管机组
5	GB/T 14295—2008	空气过滤器
6	JB/T 10597—2006	封闭式制冷压缩机用三相异步电动机　通用技术条件
7	JB/T 5146.1—1991	空调设备用加湿器　型式与基本参数
8	JB/T 5146.3—1991	空调设备用加湿器　性能试验方法
9	JB/T 5446—1999	活塞式单机双级制冷压缩机
10	JB/T 6738—2011	封闭式制冷压缩机用单相异步电动机　通用技术条件
11	JB/T 7221—1994	单元式空气调节机组用双进风离心通风机
12	JB/T 7659.1—2013	氟代烃类制冷装置用辅助设备第 1 部分：储液器
13	JB/T 7659.2—2011	氟代烃类制冷装置用辅助设备第 2 部分：管壳式水冷冷凝器
14	JB/T 7659.3—2011	氟代烃类制冷装置用辅助设备第 3 部分：干式蒸发器
15	JB/T 7659.4—2013	氟代烃类制冷装置用辅助设备第 4 部分：翅片式换热器
16	JB/T 9070—1999	空调用风机　平衡精度
17	QB/T 2263—2013	房间空气调节器电子控制器
18	QB/T 2533—2013	房间空气调节器用管路件及连接管

知识链接

行业标准分为强制性和推荐性标准。表中给出的是强制性行业标准代号，推荐性行业标准的代号是在强制性行业标准代号后面加“/T”，例如轻工行业的推荐性行业标准代号是 QB/T。

行业标准出版一览表见表 3-9。

表 3-9　行业标准出版一览表

标准类别	标准代号	批准发布部门	标准组织制定部门	出版单位
机械	JB	国家发改委	中国机械工业联合会	中国机械工业出版社
轻工	QB	国家发改委	中国轻工业联合会	中国轻工出版社

本章小结

随着强制性产品认证和自愿认证制度在我国的实施，国家标准作为认证工作的依据，受到企业的重视，不认真执行标准的企业，不能通过认证的企业在市场竞争方面将处于明显的劣势。通过学习和实施相关基础标准和通用标准，可以帮助企业提高产品市场竞争力。企业设计、生产、检测、认证以及使用部门的技术人员更应该了解并熟悉相关国家、行业标准。

第4章

电冰箱的原理和构造

引言

电冰箱现在已作为一般性的家电产品进入了千家万户，你知道电冰箱是怎样工作的吗？

本章从家用冰箱的分类、基本工作原理、主要制冷部件和基本电路等几方面进行一些基本介绍。通过本章的学习，让大家能够对冰箱的基本知识有一个较为全面的认识，给以后的生产、生活和学习提供一定的帮助。

4.1 电冰箱的结构与工作原理

1. 电冰箱的种类

电冰箱的种类很多。按制冷方式来分类，可以分为气体压缩式、吸收制冷式、半导体制冷式、太阳能制冷式、电磁振动制冷式、辐射制冷式等种类；按冷却方式分类可分为直冷式、间冷式、混冷式三种；按温度控制方式分类可以分为机械控制和电脑控制两种。还有有氟电冰箱和无氟电冰箱之分，还有一星级到四星级等级之分，也有按压缩机转速来分类的定额型和变频型之分，在我们家庭中常用的电冰箱一般是蒸汽压缩式电冰箱。

特别提示

冰箱最显著的外观特点就是开门的方式与数量，而这也就成为区别冰箱种类最重要的方式之一。冰箱有单开门、两门、三门、对开门与多开门这几种。

(1) 压缩式电冰箱。这种电冰箱由电动机提供机械能，通过压缩机对制冷系统做功。温度控制系统利用低沸点的制冷剂蒸发时吸收汽化热的原理制成的。其优点是寿命长，使用方便，目前世界上 91%～95%的电冰箱属于这一类。目前常用的电冰箱利用了一种叫做氟利昂的物质作为热的“搬运工”，把冰箱里的“热”，“搬运”到冰箱的外面。

(2) 吸收式电冰箱。这种电冰箱可以利用热源(如煤气、煤油、电等)作为动力。利用氨-水-氢混合溶液在连续吸收-扩散过程中达到制冷的目的。温度控制系统缺点是效率低，降温慢，现已逐渐被淘汰。

(3) 半导体电冰箱。半导体制冷，又称电子制冷、电子致冷、热电制冷、温差电制冷。它是利用半导体材料的热电效应(专业名称为：珀尔贴效应)进行制冷的一种制冷技术。

特别提示

珀尔贴效应是指：两种不同的金属构成一个闭合回路，当回路中存在直流电流时，两个接头之间将产生温差。深入研究这一原理的规律，选用优质的半导体材料和高精工艺，并不断改进，就可以利有这一原理设计制造出实用的半导体电子制冷器件——温差电制冷组件，又称电子制冷芯片或制冷芯片。

(4) 化学冰箱。它是利用某些化学物质溶解于水时强烈吸热而获得制冷效果的冰箱。

(5) 电磁振动式冰箱。它是用电磁振动机作为动力来驱动压缩机的冰箱。温度控制系统原理、结构与压缩式电冰箱基本相同。

(6) 太阳能电冰箱。它是利用太阳能作为制冷能源的电冰箱。

(7) 绝热去磁制冷电冰箱。

(8) 辐射制冷电冰箱。

(9) 固体制冷电冰箱。

2. 电冰箱的规格和型号

我国生产的电冰箱规格用有效容积表示，单位是升(L)。

型号的表示方法按照国家标准 GB 8059—37 规定，具体含义如图 4.1 所示。

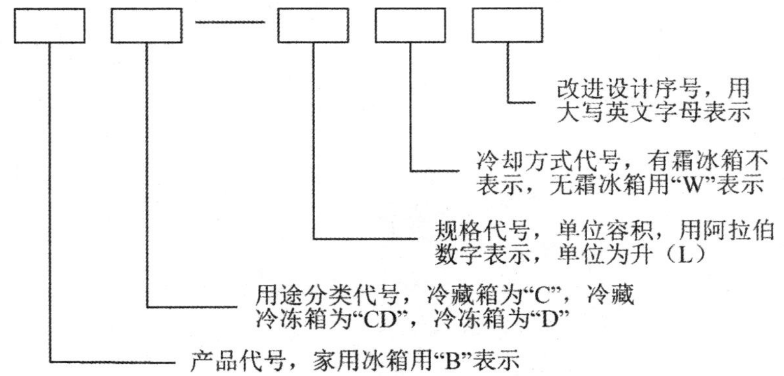
改进设计序号，用
大写英文字母表示
冷却方式代号，有霜冰箱不
表示，无霜冰箱用"W"表示
规格代号，单位容积，用阿拉伯
数字表示，单位为升（L）
用途分类代号，冷藏箱为"C"，冷藏
冷冻箱为"CD"，冷冻箱为"D"
产品代号，家用冰箱用"B"表示

图 4.1 电冰箱的规格型号含义

例如：海信 BCD-565WT 冰箱型号含义为如下几部分。

B 表示冰箱为家用冰箱

CD 表示冰箱冷藏冷冻箱

565 表示冰箱容积为 565 升

W 表示冰箱为无霜冰箱

T 表示改进设计序号

特别提示

电冰箱的"星级"：在电冰箱正面的上方通常可以看到"★""★★""★★★""★★★★" 等符号，它们分别称为一星级、二星级、三星级和四星级。星级是表示冷冻室可达最低温度的等级，星级越大，可制冷的温度也越低。比如，一星级的最低冷冻温度不高于-6℃；二星级的最低冷冻温度不高于-12℃；三星级的最低冷冻温度不高于-18℃。

3. 电冰箱的结构组成与工作原理

1) 电冰箱的基本结构

蒸气压缩式电冰箱组成结构如图 4.2 所示，主要由压缩机、冷凝器、干燥过滤器、毛细管、蒸发器等部件组成。

2) 电冰箱的工作原理

电冰箱的工作原理是在制冷系统里充灌了一种叫"氟里昂 12(CF_2Cl_2，国际符号 R12)"的物质作为制冷剂。R12 在蒸发器里由低压液体汽化为气体，吸收冰箱内的热量，使箱内温度降低。变成气态的 R12 被压缩机吸入，靠压缩机做功把它压缩成高温高压的气体，再排入冷凝器。在冷凝器中 R12 不断向周围空间放热，逐步凝结成液体。这些高压液体必须流经毛细管，节流降压才能缓慢流入蒸发器，维持在蒸发器里继续不断地汽化，吸热降温。就这样，冰箱利用电能做功，借助制冷剂 R12 的物态变化，把箱内蒸发器周围的热量搬送到箱后冷凝器里去放出，如此周而复始不断地循环，以达到制冷目的。其动力均来自压缩机，干燥过滤器用来过滤脏物和干燥水分，毛细管用来节流降压，热交换器为冷凝器和蒸发器。制冷压缩机吸入来自蒸发器的低温低压的气体制冷剂，经压缩后成为高温高压的过热蒸气，排入冷凝器中，向周围的空气散热成为高压过冷液体，高压过冷液体经干燥过滤器流入毛细管节流降压，成为低温低压液体状态，进入蒸发器中汽化，吸收周围被冷却物品的热量，使温度降低到所需值，汽化后的气体制冷剂又被压缩机吸入，至此，完成一个循环。压缩机冷循环周而复始的运行，保证了制冷过程的连续性。

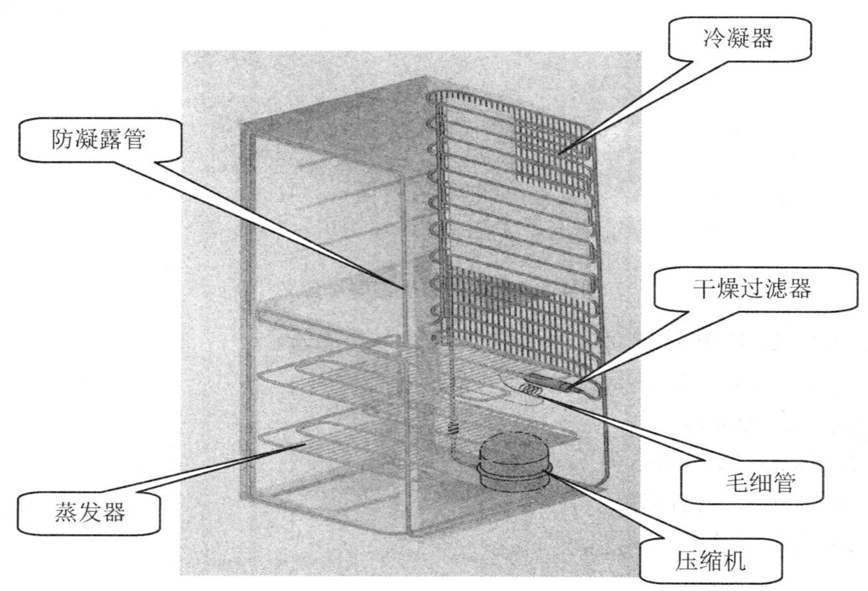

图 4.2　电冰箱组成结构

4.2　电冰箱制冷系统主要部件

电冰箱的制冷系统由压缩机、冷凝器、干燥过滤器、毛细管、和蒸发器组成，制冷系统利用制冷剂的循环进行热交换，将冰箱内的热量转移到冰箱外的空气中去，达到使冰箱内降温的目的。

1. 压缩机

家用电冰箱用压缩机一般为全封闭压缩机。它的全称为“电冰箱用全封闭型电动机——压缩机”，由曲轴、连杆组件、活塞、汽缸、机体、转子和定子等部件组成。它实际是将压缩机与电动机全部密封在机壳内，如图 4.3 所示。

压缩机是制冷循环系统的“心脏”，它的作用是在电动机的带动下，输送和压缩制冷剂蒸气，使制冷剂在系统中进行制冷循环。当压缩机电动机带动曲轴做旋转运动时，连杆将旋转运动转化为活塞的往复式运动。活塞在气缸中所作的往复运动，可分为吸气、压缩、排气和膨胀 4 个工作过程。

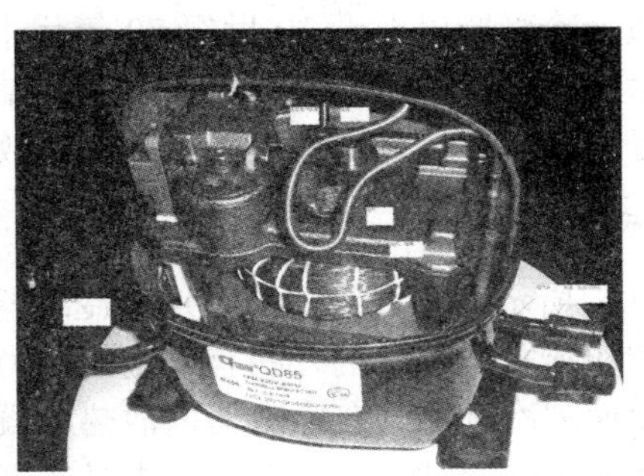

图 4.3　压缩机

特别提示

压缩机按工作原理分类：容积型压缩机、速度型压缩机。按工作的蒸发温度范围分类：对于单级缺位压缩机，一般可按其工作蒸发温度的范围分为高温、中温和低温压缩机 3 种，但在具体蒸发温度区域的划分上并不统一。一般的温度范围为：高温制冷压缩机：−10℃ ~ 10℃；中温制冷压缩机：−20℃ ~ −10℃；低温制冷压缩机：−45℃ ~ −20℃。按密封结构形式分类：开启式压缩机、封闭式压缩机。

2. 冷凝器

冷凝器又称为散热器，是电冰箱制冷系统中主要的热交换设备，由冷凝器、防露管组成。冷凝器的作用是将压缩机排出的高温、高压制冷剂蒸气，在冷凝器里经过热量的传递，向周围空气散热，使制冷剂蒸气冷却然后液化成液体。防露管既起到了冷凝器的作用，又使冷冻室门口周围温度升高，防止冷冻室门口周围凝露。冷凝器分百叶窗式、钢丝式和内藏式 3 种。百叶窗式冷凝器和钢丝式冷凝器如图 4.4 所示。

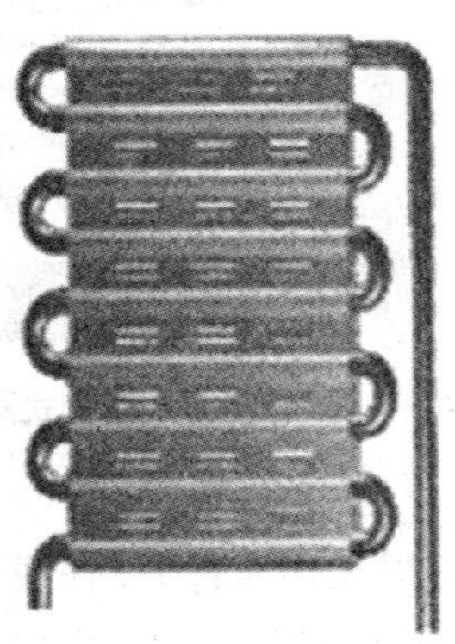
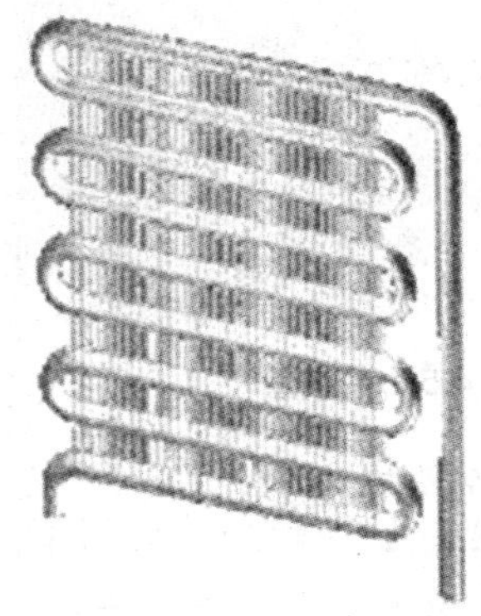

图 4.4　百叶窗式冷凝器和钢丝式冷凝器

百叶窗式冷凝器是用紫铜管作为冷凝盘管，在其上面点焊百叶窗形状的散热板，这样就加强了空气的对流散热。

钢丝式冷凝器是在冷凝管所盘成的曲折形两面，对称地点焊上许多直径 1.6mm 的钢丝，整个冷凝器涂覆一层黑漆，以加强散热性能。外挂形式的冷凝器中，这种冷凝器的散热效果最好。

内藏式冷凝器出现于 20 世纪 70 年代末，其形式有多种多样。冷凝器被粘贴在冰箱后板的内壁上，粘贴的材料一般采用铝箔黏结带，这样冷凝器就较容易地将热量通过冰箱的后板进行散热。其特点是外观光滑，但其散热效果不如外露式的冷凝器。

3. 毛细管

图 4.5 所示为毛细管，一端连着冷凝器，另一端连着蒸发器。它的作用一是保持冷凝器制冷剂和蒸发器制冷剂之间有一定的压力差，以保证制冷剂蒸气在冷凝器内有较高的压力，从而使制冷剂蒸气在冷凝器内散热冷凝成液体；保证制冷剂液体在蒸发器内有较低的压力，从而使制冷剂液体在蒸发器内吸热蒸发成气体。二是控制制冷剂流量。如果毛细管阻力大，制冷剂流量小，制冷量少，蒸发温度低；如果毛细管阻力小，制冷剂流量大，制冷量大，蒸发温度高。家用冰箱采用毛细管(纯铜管)节流，管的内径为 0.6～2.5mm，长度一般为 2～4m 不等。

4. 蒸发器

蒸发器是冰箱制冷系统中的产冷部件，俗称冷源。蒸发器的作用：从毛细管降压后的制冷剂气液混合体(气液比例约为 1∶9)进入蒸发器，在低压下蒸发由液体变成气体，经蒸发器吸收箱内的热量，达到制冷的目的。蒸发器内制冷剂的蒸发温度越低，冷却周围物体的能力越大，而它的蒸发面积是由压缩机的产冷量决定的。

1) 上置冷冻室冰箱

冷冻室蒸发器为板管式蒸发器(图 4.6)，板为冷冻室内胆，材质为铝板。管有一些为铝管，有一些为铜管，用导热胶膜贴在内胆背面。冷藏室蒸发器为板管式蒸发器，板为蒸发器板，贴在冷藏胆背面。管为铜管，用黏胶铝箔贴在蒸发器板上。

图 4.5　毛细管

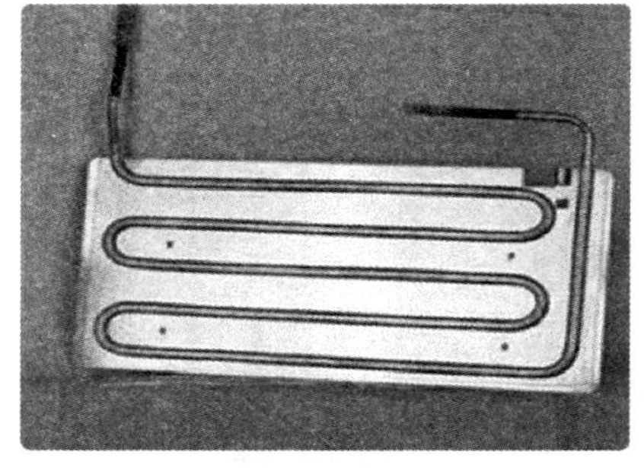

图 4.6　板管式蒸发器

2) 下置冷冻室冰箱

冷冻室蒸发器为丝管式蒸发器(图 4.7)，将钢丝点焊在邦迪管上，作成层架(用于放抽屉)，并作防锈处理。冷藏室蒸发器为板管式蒸发器，板为蒸发器板，贴在冷藏胆背面。管为铜管，用黏胶铝箔贴在蒸发器板上。

5. 干燥过滤器

图 4.8 所示为干燥过滤器其外壳为铜管，直径为 16mm 左右，长 100～150mm，铜管两端缩口，铜管里面两端装有铜丝过滤网，中间装有分子筛。干燥过滤器的作用：干燥过滤器安装于冷凝器与毛细管之间，用以吸附制冷系统中的水分，以防止发生冰堵，同时还起

到过滤作用，防止杂质、碎物等进入毛细管引起脏堵。

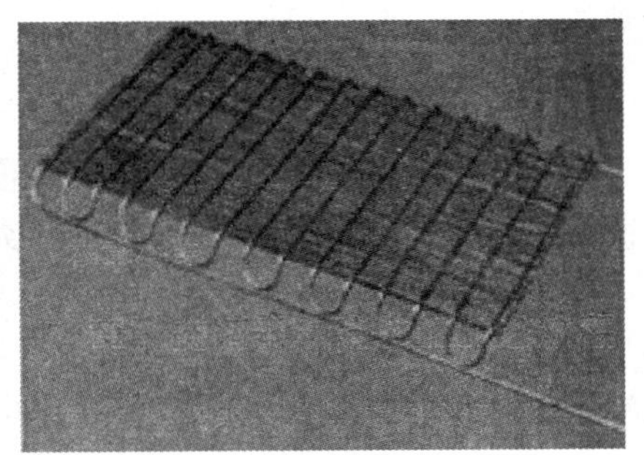

图 4.7　丝管式蒸发器

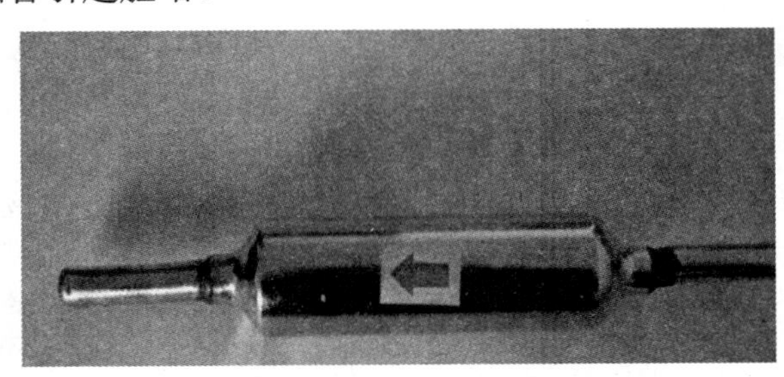

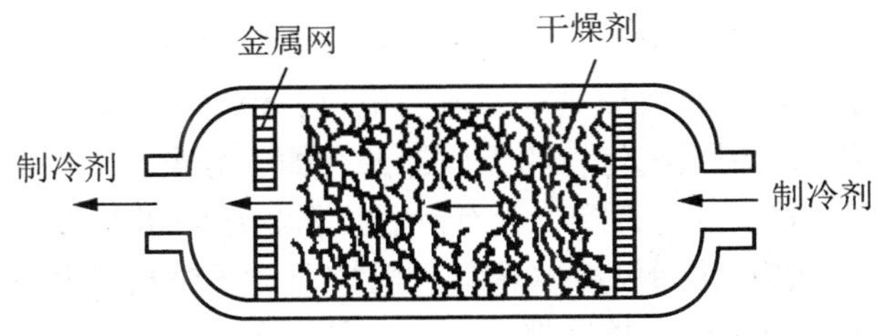

图 4.8　干燥过滤器

6. 制冷剂

制冷剂是指在制冷系统中实现制冷循环的工作介质。在压缩式制冷循环中，利用制冷剂的相变传递热量，即制冷剂在蒸发过程吸热，在冷凝过程放热。制冷剂的种类及特性：冰箱所用制冷剂主要有四类：R12、混合工质(R152a/R22)、R134a 和 R600a。

特别提示

制冷剂又称制冷工质，它是在制冷系统中不断循环并通过其本身的状态变化以实现制冷的工作物质。制冷剂在蒸发器内吸收被冷却介质(水或空气等)的热量而汽化，在冷凝器中将热量传递给周围空气或水而冷凝。它的性质直接关系到制冷装置的制冷效果、经济性、安全性及运行管理，因而对制冷剂性质要求的了解是不容忽视的。

4.3　电冰箱的电气控制系统

1. 电冰箱电气控制系统的类型

电气系统的主要作用是将箱内的温度控制在一定的范围内，以保证冷藏冷冻的需要。冰箱电气控制目前有 3 种控制方式。

(1) 电子控制：即利用各电子元件组成的控制回路控制压缩机制冷情况，一般电子控制冰箱使用电子元件比较多而复杂，控制精度低。

(2) 机械控制：即主要利用温控器感应箱内温度控制压缩机的循环制冷情况。电路简单，但控制精度也不高。

(3) 电脑控制：由传感器感应箱内温度，将信息传递给数模转换器处理后，再由单片机发出指令指挥各个负载的工作。电脑控制冰箱电气回路简单，控制精度高。

特别提示

随着计算机技术和网络的发展，冰箱控制方式越发智能化，通过射频识别(RFID)、红外感应器、全球定位系统、激光扫描器等信息传感设备，人们可通过物联网智能控制冰箱做很多事情。如冰箱根据食物识别和扫描，提醒保质期；冰箱根据食物品类自动分区调节温度；通过网络，远程了解冰箱里有何食品；冰箱附带的健康食品、健康统计等功能；冰箱与超市互连，一键订购食品。

2. 电冰箱电气控制系统简介

一般家用电冰箱的电气控制系统如图 4.9 所示，包含温控器、压缩机及其两器、除霜定时器、除霜加热管、风扇电机、恒温器、熔断器、照明灯、灯开关等。按冰箱的不同类型，控制系统包含的组成部分有如下分类。

(1) 普通直冷冰箱有：温控器、压缩机及其两器、灯泡、灯开关。

(2) 普通风冷冰箱有：温控器、压缩机及其两器、除霜定时器、除霜加热管、风扇电机、恒温器、熔断器、灯泡、灯开关。

(3) 普通直冷电脑冰箱有：温控器、压缩机及其两器、灯泡、灯开关、主控制板、温度感温头等。

(4) 风冷电脑冰箱有：温控器、压缩机及其两器、除霜定时器、除霜加热管、风扇电机、恒温器、熔断器、灯泡、灯开关、主控制板、温度感温头等。

(5) 多循环冰箱增加电磁阀组件控制。

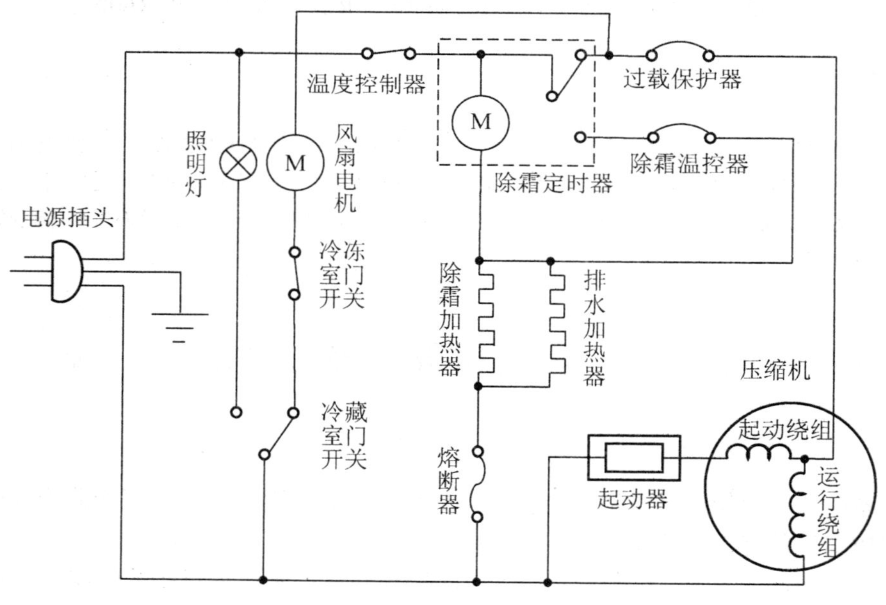

图 4.9　电冰箱电气控制系统

3. 电冰箱电气控制系统中的主要部件功能

1) 温控器

温控器对电冰箱内温度的控制是通过控制压缩机的开停来实现的。直冷式冰箱的温控器一般放在冷藏室内，通过制冷系统匹配来控制冷冻室温度。

其工作原理是靠温控器感温管内的冷媒随温度变化产生不同的压力，由管内不同的压力调整温控器内部的触片应该在什么断开或闭合。科龙目前用得最多的是定温复位式温控器。如 WDF28K 其中间点温度特性(停机点温度为：(−18±2)℃；开机点温度为：(4.0±1)℃即开机温度是固定的)。

温度控制器的作用是使电冰箱的使用者能按其要求控制电冰箱的温度，以满足冷冻和冷藏食物的需要。对温度的控制，一般都用压缩机的停、开时间控制来实现的。电冰箱的温度控制器，按所用感温元件的不同可分为两大类，即感温式温度控制器和压力式温度控制器。

2) 温度补偿开关及温度补偿加热器

温度补偿加热器由电阻丝外覆绝缘层构成当环境温度较低时，低于 10℃时，冷藏室温度容易达到，此时停机时间很长，制冷系统是单一系统，冷冻室温度就达不到−18℃。当环境温度低于 4℃时，冷藏室温度低于温控器开机点，压缩机就不会启动。

3) 启动继电器

冰箱启动继电器是 PTC 启动继电器。PTC 是一种半导体晶体材料，具有正温度系数的电阻特性。这种 PTC，在环境温度 100℃以下，不带电的情况下，呈低电阻(约 22Ω)，通电后元件温度瞬间急剧上升，电阻增大，使启动绕组断路。压缩机靠主绕组的电流运行。

4) 过载保护继电器

过载保护继电器是用来防止压缩机过载和过热导致烧毁电动机而设置的。冰箱压缩机一般采用碟形保护器。该保护器串联在压缩机的主线路中，当电路因电流过大时，与之相连的电阻丝会发热，使相邻双金属片受热变形，向上弯曲断开电路，从而保护压缩机不被烧毁。由于保护器紧压在压缩机外壳上，所以双金属片又能感受机壳温度，若压缩机工作不正常，机壳温度过高，双金属片也会受热弯曲断开电路，因此该保护器有双重作用。

5) 电磁阀

电磁阀有单稳态、双稳态两种。它主要组成部件是一个活动铁芯，活动铁芯是由两个工作位置，3 个接口(一个进口，一个常闭出口和一个常开出口)，并由铁芯工作位置的改变来控制制冷剂流向的电磁阀，是一个两位三通阀。

本 章 小 结

(1) 电冰箱按不同分类方式可以得出不同的种类。按制冷方式来分类，可以分为气体压缩式、吸收制冷式、半导体制冷式、太阳能制冷式、电磁振动制冷式、辐射制冷式等种类；按冷却方式分类可分为直冷式、间冷式、混冷式 3 种；按温度控制方式分类可以分为机械控制和电脑控制两种。

(2) 电冰箱主要由压缩机、冷凝器、干燥过滤器、毛细管、蒸发器等部件组成。基本工作原理是在制冷系统里充灌制冷剂。利用制冷剂汽化吸热，液化放热，靠压缩机做功，把冰箱内热量搬送到冰箱外释放，周而复始不断地循环，以达到制冷目的。

(3) 电冰箱的制冷系统由压缩机、冷凝器、干燥过滤器、毛细管和蒸发器组成。

(4) 电气系统的主要作用是将箱内的温度控制在一定的范围内，确保冰箱可靠安全的运行，包含温控器、压缩机及其两器、除霜定时器、除霜加热管、风扇电机、恒温器、熔断器、照明灯、灯开关等。

第5章

空调器的原理与构造

引言

随着计算机控制技术、变频技术、电力电子技术等科学技术的发展，制冷与空调行业得到迅速发展，新技术，新设备的应用和更新不断加快。随着人民生活水平的不断提高，人们越来越重视生活质量，对空调器的社会需求逐渐增大。

通过本章的学习，将了解空调器的基本知识，掌握空调器的工作原理，了解空调的主要性能及熟悉空调的构造，能够识别空调的主要部件，明确其位置和作用，从而达到认识空调器的目的。

5.1　空调基础知识

5.1.1　空调器的概念和分类

1. 空调器的概念

空调为“空气调节”的简称，是指对一特定空间内空气的温度、湿度、空气流动速度、空气清洁度进行人工调节，以满足人体舒适和工艺生产过程。

用于实现空气调节的设备就称为“空气调节器”，在日常生活中，一般简称为“空调”。它主要包括制冷和除湿用的制冷系统以及空气循环和净化装置，还可包括加热和通风装置，(它们可被组装在一个箱壳内或被设计成一起使用的组件系统)，以下简称空调器。

在实现空气调节的目标时，自然就会伴随着空调器的制冷、制热、除湿、送风、空气清新等功能。

空调器的基本原理从能量转换的角度可以这样理解：制冷时，通过制冷剂将室内的热量转移到室外释放掉，从而使室内温度降低；而制热的原理正好相反，通过制冷剂将室外的热量转移到室内释放掉，从而使室内温度升高。

2. 空调器的分类

(1) 按控制对象和要求可分为：舒适性空调器、工业空调器。
(2) 按适用场合和制冷量可分为：家用空调器(制冷量在 1250～9000W)、商用空调器。
(3) 按使用工况最高温度可分为：T1(43℃)、T2(35℃)、T3(52℃)。
(4) 按结构形式可分为：分体式空调器、整体式空调器。
(5) 能力的输出可分为：定速空调器、变频空调器。
(6) 按使用的制冷剂可分为：R22、R410A、R407C。
(7) 按制冷制热效果可分为：单冷式，冷暖式，电热式等。

壁挂式空调器如图 5.1 所示。立式空调器如图 5.2 所示。

图 5.1　壁挂式空调器

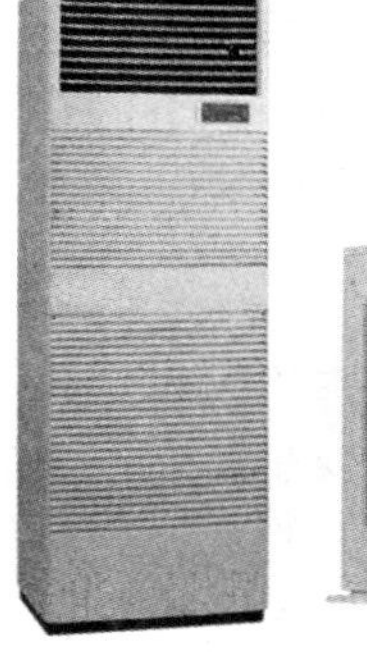

图 5.2　立式空调器

3. 机型代号表示的意义

1) 例如：KFR-35GW/27FZBPC

K：空调　F：分体式　R：热泵型　35：制冷量 3500W　27：开发顺序号
F：制冷剂为 R410A　ZBP：直流变频　C：开发顺序号

2) 整机号表示的意义

产品信息代码由产品基本信息(12 位)和生产信息(11 位)两部分组成。

X1X2X3X4X5X6X7X8X9X10X11X12 X13 X14 X15X16X17 X18X19 X20X21X22X23

X1～X14　　产品编码

X15X16X17　生产日期信息码

X18X19　　生产场地线体代码

X20～X23　　生产顺序号

5.1.2 空调器的基本功能

1. 温度调节

对室内空气温度进行调节。一般来说，房间的温度夏天保持在 25℃～27℃，冬天保持在 18℃～20℃是比较适合的。

2. 湿度调节

对室内空气的湿度进行调节，即调节空气中水蒸气的含量，空气过于干燥或过于潮湿都会使人感到不舒服。

3. 空气流速的调节

加快或减慢空气对流的速度，人处于适当的低速流动的空气中比在同样温度下静止的空气中要感觉凉爽、舒适。

4. 空气质量调节

通过清除空气中尘埃，分解空气中的有害化学物质，保证一定的氧气含量来达到改善室内环境空气的质量的目的。

5.1.3 空调器基本制冷术语

1. 潜热

对液态的水加热，水的温度升高，当达到沸点时，虽然热量不断地加入，但水的温度不升高，一直停留在沸点，加进的热量仅使水变成水蒸气，即由液态变为气态。这种不改变物质的温度而引起物态变化(又称相变)的热量称为潜热。(全热等于显热与潜热之和。)

2. 显热

对固态、液态或气态的物质加热，只要它的形态不变，则热量加进去后，物质的温度就升高，加进热量的多少在温度上能显示出来，即不改变物质的形态而引起其温度变化的热量称为显热。如对液态的水加热，只要它还保持液态，它的温度就升高。因此，显热只影响温度的变化而不引起物质的形态的变化。

3. 比热

任何物质当加进热量，它的温度会升高。但相同质量的不同物质，升高同样温度时，其所加进的热量是不一样的。为相互比较，把 lkg 水温度升高 1℃所需的热量定为 4.19kJ。以此作为标准，其他物质所需的热量与它的比值，称为比热。如 lkg 水温度升高 1℃需 4.19kJ，则比热值为 4.19kJ/(kg・℃)，而 lkg 铜温度升高 1℃只需 0.39kJ，则铜的比.039kJ/(kg・℃)。不同材料有各自的比热值。

4. 温度

温度被用来表示物质冷与热的程度，温度的高低的程度可用温度计来度量，如玻璃温度计，管内的液体受热后膨胀，液面升高，冷却收缩后，液面降低，液面的高低程度表示温度的高低程度。

5. 蒸发与沸腾

蒸发是指在液体表面进行的缓慢的气化的过程，物质气化(即从液态变成气态)时要吸收热量，而物质液化(从气态变成液态)时会放出热量。蒸发在任何温度和压强下都能进行。例如衣服的晾干过程。蒸发是由于液体表面上具有较高能量的分子克服液体分子的引力、穿出液面到达空间而形成的。在相同环境下、液体温度越高，则蒸发越快。制冷工程中，许多问题都涉及蒸发过程，例如空调中的加湿与干燥过程等。红外加湿器的加湿属表面蒸发过程。

沸腾是指在液体内部和表面同时进行的剧烈气化过程。沸腾时的温度叫沸点，而且，压强增大，沸点升高；压强减少，沸点降低。例如，水的烧开过程。在一定压力下，液体加热到一定的温度才开始沸腾。在整个沸腾过程中，液体吸收的热量全部用于自身的容积膨胀与相变，故气、液温度保持不变。

物质有三种状态：气态、液态、固态。三种状态之间是可以变换的，如图 5.3 所示。

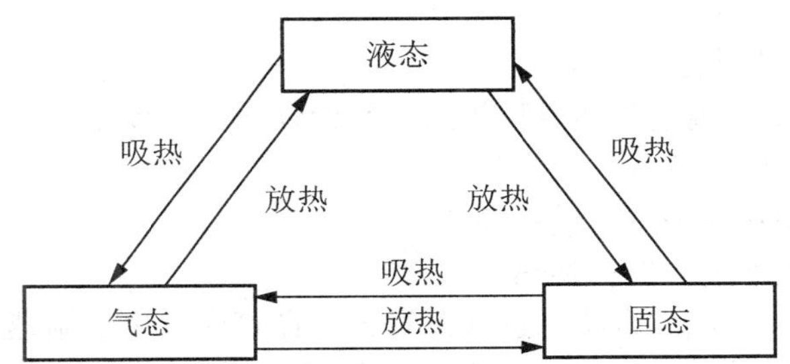

图 5.3　物质三种状态间的变换

从图 5.3 中可以看出：气态、液态、固态之间通过吸热或放热进行交换。人们就是利用这种原理来进行制冷、制热的。在空调器中，就是利用降低制冷剂沸腾压强的方法，来降低制冷温度的。在制冷行业中，习惯于把物质的沸腾称为蒸发，把压强称为压力，并把沸腾器、沸腾温度和沸腾压强分别称为蒸发器、蒸发温度和蒸发压力。

6. 压力

气体由分子组成，亿万分子在无规则的运动中，频繁撞击容器内壁，在内壁单位表面积上垂直产生的力称为压力。在工程中测量气体压力的常用单位是：kg/cm^2 或为 mmHg(毫米汞柱)，我国的法定单位是 Pa(帕斯卡)。

5.1.4　传热学基础知识及在空调中的应用

1. 传热有三种基本方式

1) 传导

传导是物体个部分之间不发生相对位移时，依靠分子、原子及自由电子等微观粒子的热运动而产生的热量传递。

2) 对流

对流是流体各个部分之间发生相对位移，冷热流体相互掺混所引起的热量传递方式。根据引起流动的原因，可分为自然对流和强制对流。

3) 热辐射

热辐射是由于热的作用而通过电磁波传递能量的过程和方式。

2. 发生在空调系统中的主要传热过程

1) 冷凝器中的传热过程

高温高压制冷剂向周围空气环境散热的过程为以下几个步骤。

(1) 制冷剂→铜管内壁：对流换热。

(2) 铜管内壁→铜管外壁及翅片：导热。

(3) 铜管外壁及翅片→周围大气环境：对流换热。

高温高压制冷剂以过热蒸气状态进入冷凝器，在管内发生降温及冷凝，从冷凝器入口到第一个液滴产生前，是一个温度不断降低的过程；从第一个液滴产生到最后一个气泡消失，是一个温度不变的过程，在此过程中，制冷剂中含液量不断上升，含气量不断下降；从最后一个气泡消失到冷凝器出口，是一个降温过程。

总的说来，这是一个高温高压制冷剂气体在冷凝器中散热降温冷却成低温高压制冷剂液体的过程。

2) 蒸发器中的传热过程

低温低压制冷剂从周围空气环境吸热的过程为以下几个步骤。

(1) 大气→铜管外壁及翅片：对流换热。

(2) 铜管外壁及翅片→铜管内壁：导热。

(3) 铜管内壁→制冷剂：对流换热。

低温低压制冷剂以气液混合状态进入蒸发器，在管内发生等温蒸发及升温过程；从蒸发器入口到最后一个液滴消失前，是一个温度不变的过程(理论上)，在此过程中，制冷剂中含液量不断下降，含气量不断上升；从最后一个液滴消失到蒸发器出口，是一个升温过程。

总的说来，这是一个低温低压制冷剂液体在蒸发器中吸热变成低温低压制冷剂气体的过程。

5.1.5 空调命名代码含义

K——代表空调；

F——代表分体空调；

R——代表热泵型；

G——代表挂壁式内机；

L——代表立柜式内机；

Q——代表嵌入式空调；

Y——代表移动式空调；

C——代表窗机；

T——代表天井式空调；

W——代表室外机；

D——代表辅助电加热(KFR-50LW/28D)；

SD——三相电商用型号(KFR-72LW28SD)；

V——改型标志；

BP——代表变频；

ZBP——代表直流变频；

RBP——卧室宝(Room)系列；
FZBP——无氟环保冷酶系列；
SZBP——矢量直流王系列。
如 KFR-35GW/99SZBP 表示为：99 系列 1.5 匹矢量直流变频空调。

5.1.6　术语和定义

1. 热泵

通过转换制冷系统制冷剂运行流向，从室外低温空气吸热并向室内放热，使室内空气升温的制冷系统，还可包括空气循环、净化装置和加湿、通风装置。

2. 制冷量(制冷能力)

空调器在额定工况和规定条件下进行制冷运行时，单位时间内从密闭空间、房间或区域内除去的热量总和，单位：W。

3. 制冷消耗功率

空调器进行制冷运行时，所输入的总功率，单位：W。

4. 能效比(EER)

能效比(EER)是在额定工况和规定条件下，空调器进行制冷运行时，制冷量与有效输入功率之比，其值用 W/W 表示。

5. 制热量(制热能力)

空调器在额定工况和规定条件下进行制热运行时，单位时间内送入密闭空间、房间或区域内的热量总和，单位：W。

注：只有热泵制热功能时，其制热量(制热能力)称为热泵制热量(热泵制热能力)。

6. 制热消耗功率

空调器进行制热运行时，所消耗的总功率，单位：W。

7. 性能系数(COP)

性能系数(COP)是在额定工况(高温)和规定条件下，空调器进行热泵制热运行时，制热量与有效输入功率之比，其值用 W/W 表示。

8. 循环风量

空调器用于室内、室外空气进行交换的通风门和排风门完全关闭(如果有)，并在额定制冷运行条件下，单位时间内向密闭空间、房间或区域送入的风量，单位：$m^3/s(m^3/h)$。

9. 空调噪声

空调器的噪声分为室内的蒸发机组噪声和室外的冷凝机组噪声，一般室内机组噪声比室外机组噪声低，因为室外机组噪声来源于压缩机和风机两种噪声，而室内组噪声来源于风机气流声和电机电磁噪声。国家对空调器的噪声有规定的指标，表 5-2 为房间空调器的噪声指标，该表的噪声值适用于制冷量在 9000W 下的各种结构形式空调器。

5.1.7 如何根据房间面积选择空调

1. 房间安装空调器设计的制冷量与多种外部环境因素有关，应该综合考虑，合理选择

空调器的选择与多种因素有关，要本着节约、环保、够用的原则合理选择空调器，空调的选择主要从房间面积、空调器的类型、空调器的能效比及多种外部环境因素等几方面考虑，空调器制冷量与散热因素的关系见表 5-1。

表 5-1 空调制冷量与散热因素的关系表

散热因素	制冷需要功率	备注
房屋四面及上下传导的热量	130W/m^2	顶楼及西斜日照的房间需要较多的冷气
阳光经窗户导入的热量	向北玻璃窗 100W/m^2	用较厚的窗帘可有效地减少阳光的辐射热，当此房间是睡房时，可忽略此项所消耗的热量
	向东玻璃窗 250W/m^2	
	向南玻璃窗 250W/m^2	
	向西玻璃窗 450W/m^2	
家用电器所产生的辐射热	电器功率每 1W 约需 1W 的冷量	主要是与空调可能同时工作的电灯、电视、电冰箱、音响等
人体所发生的热量	每人约需消耗 150W 左右	人不停运动将消耗更多的热量。如果考虑此房间为客厅，还应考虑到客人所消耗的热量

2. 可以根据房间面积来选择合适的空调器

一般可按照制冷 130～180W/m^2，制热 150～200W/m^2 的参照原则来选取，表 5-2 是空调器制冷量与使用面积速查表。

表 5-2 空调制冷量与使用面积速查表

空调器制冷量/W	2 000～3 500	4 800～6 500	7 300	8 300	9 300
居住面积/m^2	15～25	15～25	30～45	60～70	65～85
计算机房面积/m^2	15～20	15～20	30～40	45～50	50～60
旅馆客房面积/m^2	15～25	15～25	30～45	45～50	50～65
餐厅面积/m^2	10～15	10～15	25～30	30～35	35～40
商场面积/m^2	20～25	20～25	30～40	40～45	45～50
办公室面积/m^2	15～20	30～40	35～45	45～50	50～60

5.2 空调器的结构与工作原理

5.2.1 空调器的结构

空调器主要由室内机、室外机等组成。室内机包括蒸发器、贯流风扇、电动机和电控等部分组成，室外机主要有压缩机、冷凝器、毛细管、轴流风扇和电动机等组成。

空调器按照系统组成可分为如下几部分。

(1) 箱体部份：室内机壳、室外机壳。

(2) 电控系统：线路板、开关。

(3) 空气系统：室内外风扇、电动机。

(4) 制冷系统：压缩机、蒸发器、冷凝器、节流装置。

1. 室内机的内部结构

空调器室内机的内部构造如图 5.4 所示。

图 5.4　室内机构造图

2. 分体式空调器室外机的内部结构

空调器室外机的内部构造如图 5.5 所示。

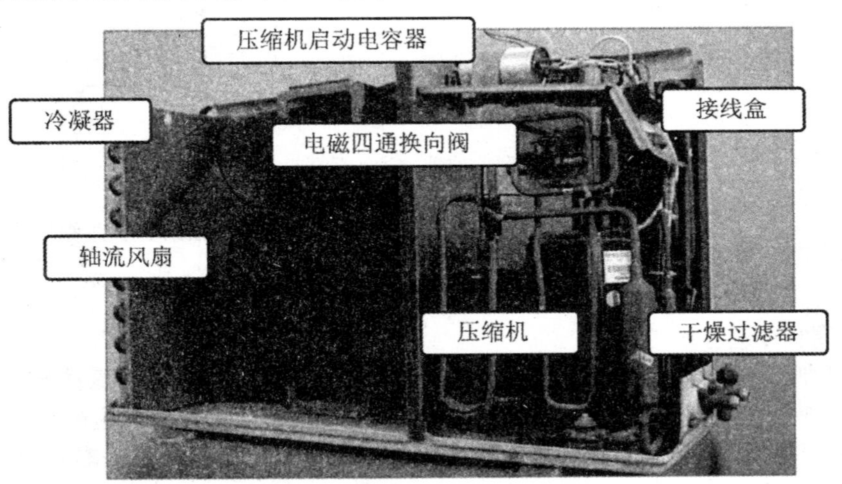

图 5.5　空调器室外机构造图

5.2.2　空调器的工作原理

1. 制冷的相关原理

(1) 制冷原理，逆卡诺循环(当高温热源和低温热源随着过程的进行温度不变时，具有两个可逆的等温过程和两个等熵过程组成的逆向循环)。

(2) 管内换热：①强迫对流换热(相变换热)；②冷凝器(凝结换热)；③蒸发器(沸腾换热)。

(3) 管外换热：①强迫对流换热(风冷)；②两大循环系统为制冷剂循环系统和空气循环系统。

(4) 能量原理：

$$Q_c = Q_e + W$$

2. 空调器制冷制热的的工作原理

空调器的制冷过程的实质是将空调房间内的热量转移到室外去，从而使房间内的气温降下来。

根据物理知识：液体汽化是要吸收热量，气体液化是会放出热量。空调器就是利用这个原理，通过制冷剂的作用，不断进行汽化和液化的相变循环，将室内热量转移到室外去。

制冷工况下的制冷剂的流向如图 5.6 所示，制冷状态下制冷剂的流向为：压缩机→消声器→四通换向阀→室外换热器(此时为冷凝器)→止回阀→干燥过滤器 →毛细管 →室内换热器(此时为蒸发器)→缓冲器→四通换向阀→压缩机。

制热工况下制冷剂的流向为：压缩机→消声器→四通换向阀→缓冲器→室内换热器(此时为冷凝器)→止回阀→干燥过滤器→毛细管→室外换热器(此时为蒸发器)→四通换向阀→压缩机。

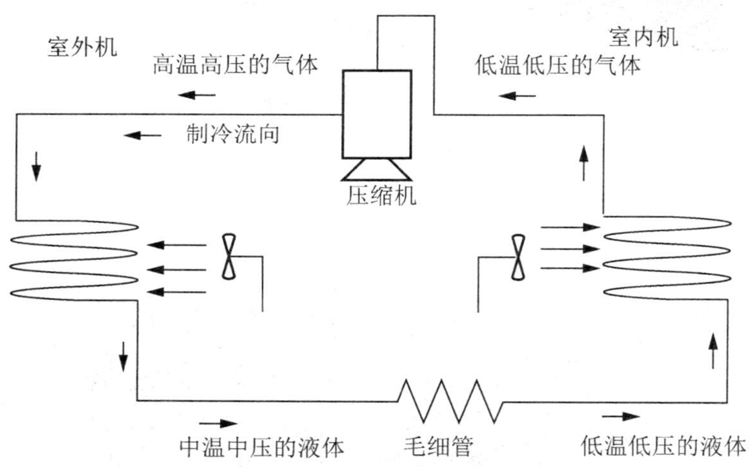

图 5.6 制冷工况下的制冷剂的流向图

1) 空调制冷运行原理

空调在制冷循环运行时的工作过程如图 5.7 所示，由来自室内机蒸发器的低温低压的制冷剂气体被压缩机吸入后被压缩变成高温高压的制冷剂气体，排入室外机冷凝器，通过轴流风扇的作用，高温高压的制冷剂气体在室外换热器中放热(通过冷凝器冷凝)变成中温高压的液体(热量通过室外循环空气带走)，中温高压的液体再经过毛细管节流降压后变为低温低压的液体，低温低压的液体制冷剂在室内换热器中吸热蒸发后变为低温低压的气体(室内空气经过换热器表面被冷却降温，达到使室内温度下降的目的)，低温低压的制冷剂气体再被压缩机吸入，如此周而复始地循环而达到制冷的目的。

2) 空调制热运行原理

空调器在制热循环工况下的运行原理如图 5.8 所示，低温低压的制冷剂气体被压缩机吸入后加压变成高温高压的制冷剂气体，高温高压的制冷剂气体在室内换热器中放热变成中温高压的液体(室内空气经过换热器表面被加热，达到使室内温度升高的目的)，中温高压的液体再经过节流部件节流降压后变为低温低压的液体，低温低压的液体在换热器中吸热蒸发后变为低温低压的气体(室外空气经过换热器表面被冷却降温)，低温低压的气体再被压缩机吸入，如此循环。

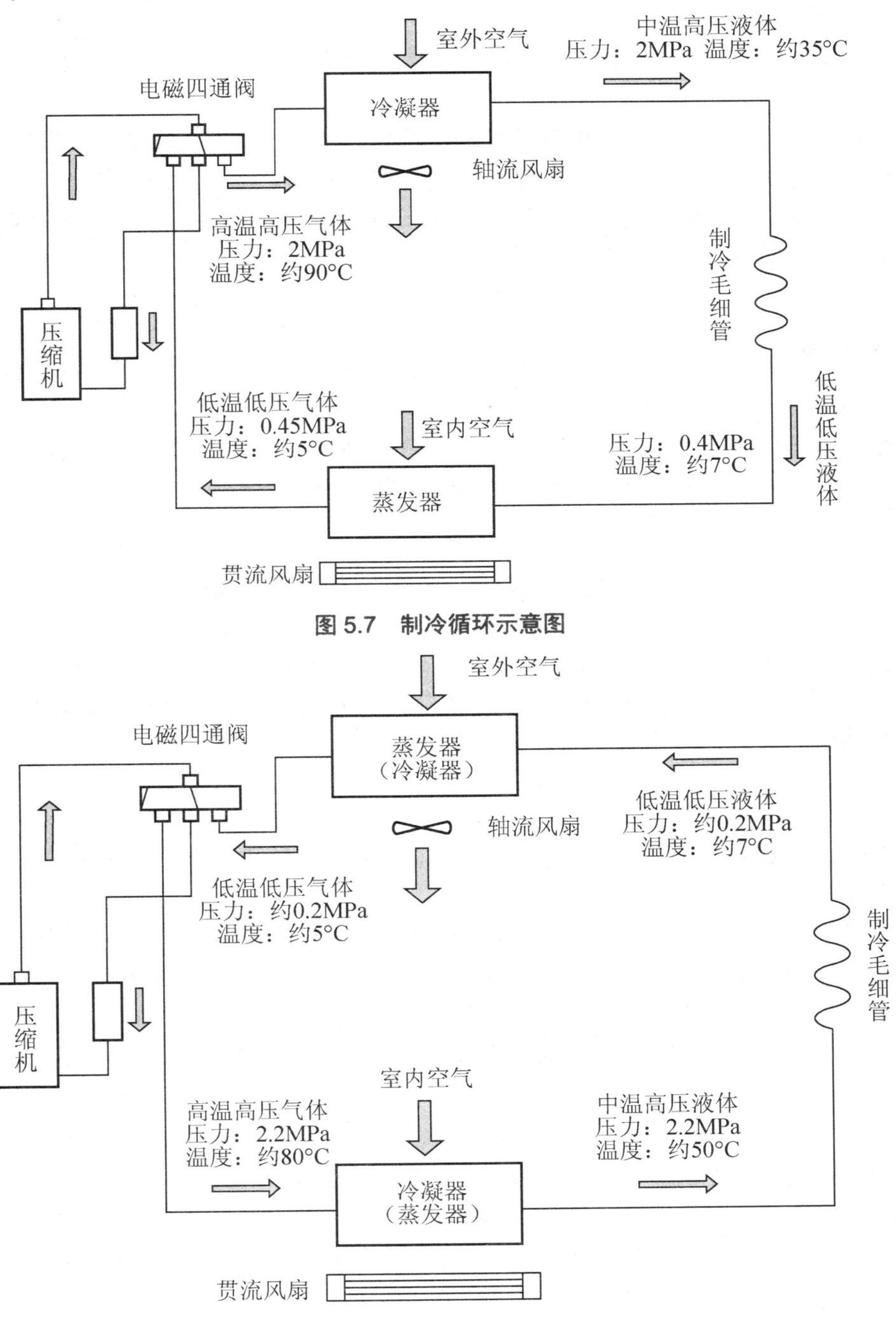

图 5.7　制冷循环示意图

图 5.8　制热循环示意图

当进行制热运行时，电磁四通换向阀动作，使制冷剂按照制冷过程的逆过程进行循环。制冷剂在室内机换热器中放出热量，在室外机换热器中吸收热量，从而达到制热的目的。

3) 送风循环

室外机压缩机和风机全关，只开室内风机使室内空气得到循环流动。

3. 空气循环系统

窗式空调器的空气循环系统主要包括室内空气循环系统、室外空气循环系统和新风系统三部分。

(1) 室内空气循环系统主要由进风栅、过滤网、出风栅和离心风扇等几部分组成。

(2) 室外空气循环系统主要由百叶窗进气口和轴流风扇等几部分组成。

(3) 新风系统窗式空调器一般均装有新风门或混浊空气排出门，二者统称新风系统，其作用是在使用空调器期间更新室内空气。

特别提示

空调器在冬天怎样从冷空气中取得热量？

在冬天，即使室外温度只有 7℃，在室外热交换器中的制冷剂蒸发温度是 0℃～3℃，这个温度差为 4℃～7℃，使得从室外空气中获取热量释放到室内的空气变为可能。

5.3 空调器制冷系统的主要部件

空调器制冷系统主要由压缩机、冷凝器、节流装置(毛细管、电子膨胀阀)、制冷剂(R22、R410A、R407C)以及其他元件(截止阀、单向阀、过滤器、干燥过滤器、四通阀、消音阀、储液阀等)组成。

1. 压缩机

压缩机由电动机部分和压缩部分组成，压缩机有旋转式和涡旋式两种常见型式，如图 5.9 所示。

压缩机是整个空调系统的核心，也是空调系统动力的源泉，可以把它比作空调器的“心脏”，电动机通电后，通过压缩机的运转来实现制冷剂在系统中的流动和循环。整个空调的动力，全部由压缩机来提供，在空调中它的目的就是把低温低压的气体通过压缩机压缩成高温高压的气体，最后气体在换热器中和其他的介质进行换热。所以说压缩机的好坏会直接影响到整个空调的品质。

根据蒸气的原理，压缩机可分为容积型和速度型两种基本类型。容积型压缩机通过对运动机构作功，以减少压缩室容积，提高蒸气压力来完成压缩功能。速度型压缩机则由旋转部件连续将角动量转换给蒸气，再将该动量转为压力。根据压缩方式，容积型压缩机可分为活塞式和回转式两大类。回转式又可分为滚动活塞式、滑片式、单螺杆式、双螺杆式、涡旋式；速度型压缩机多为离心式。

(a)

(b)

图 5.9　压缩机

(a) 旋转式压缩机；(b) 涡旋式压缩机

2. 冷凝器、蒸发器

冷凝器和蒸发器统称为热交换器，室内侧热交换器(制冷时称作“蒸发器”、低压部件)和室外侧热交换器(制冷时称作“冷凝器”、高压部件)。

空调器运行时，制冷剂与空气之间的热量传递就是通过热交换器的管壁和翅片来进行的。

1) 蒸发器

蒸发器如图 5.10 所示，蒸发器是利用液态低温制冷剂在低压下蒸发，转变为蒸气并吸收被冷却介质的热量，达到制冷目的。蒸发器吸收房间内的热量，降低房间温度。空调器工作时，从毛细管排出的低温低压的液态制冷剂流入蒸发器后，低温低压的液态制冷剂吸热蒸发，使蒸发器表面温度降低，室内风机运行，将经过蒸发器表面被冷却的空气输送至室内，降低房间温度。

图 5.10　蒸发器

2) 冷凝器

冷凝器如图 5.11 所示，冷凝器的作用是将压缩机排出的高温高压气态制冷剂冷却后变成低温高压液态制冷剂。压缩机排出高温高压气体进入冷凝器后，快速释放自身热量，此时室外风机运行，将经过冷凝器表面被高温加热的空气排向外界，经过冷凝器后高温高压气体变为低温高压液体。

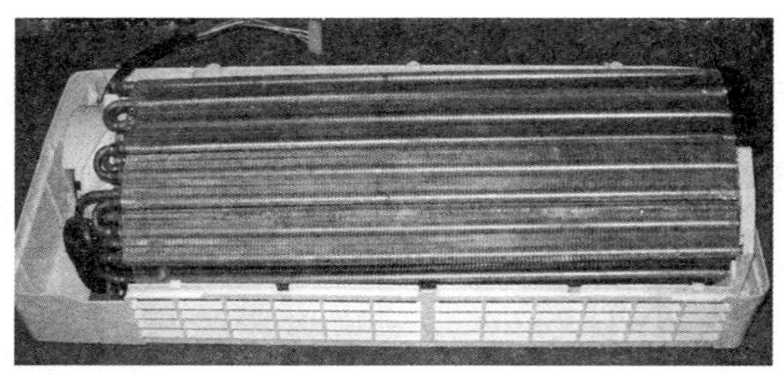

图 5.11　冷凝器

3. 毛细管

毛细管是目前空调器厂使用最多的节流元件，部分变频空调器使用电子膨胀阀作为节流元件。

毛细管如图 5.12 所示，毛细管节流的工作原理是从冷凝器排出的低温高压液态制冷剂进入毛细管时，由于管径突然变小且较长，流动截面突然收缩，流体流速加快，压力下降(压力下降的大小取决于流动截面大小)，因此从毛细管排出的液体压力已经很低，由于压力与温度成正比，此时制冷剂的温度也较低。

毛细管内径一般为 1.2～2.0mm，外径为 3mm 的紫铜管。毛细管的节流特性参数涉及毛细管长度和毛细管内径，一般来讲：毛细管内径越小，节流越大，流量越小。

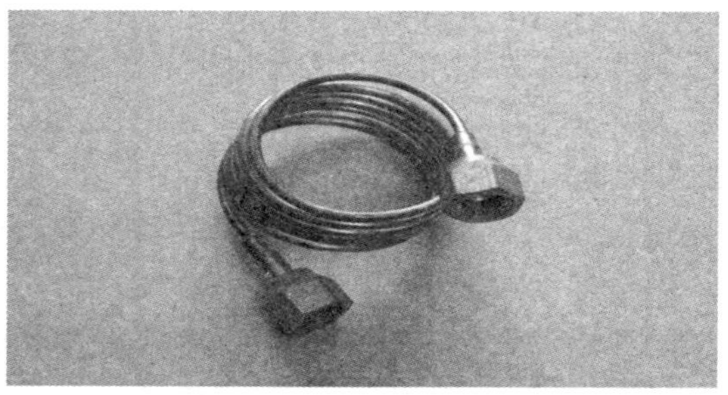

图 5.12 毛细管

4. 单向阀

单向阀如图 5.13 所示，单向阀用于空调器、冷冻机等制冷设备，使系统中压缩机停止时防止高压逆流和制热时控制冷媒量，达到制热的目的。

图 5.13　单向阀

特性：采用不锈钢锥度或尼龙阀芯，密封性能好，导向稳定，阀芯在阀座内滑动灵活，无卡死现象，工作时无噪声，工作时间越长密封性能越好，泄漏量越小，使用寿命越长，在高温焊接时不需要冷却保护，不易变形。适用介质：R22、R410A、R407C，通径：2.8～10mm。

5. 制冷剂

制冷剂好比空调器的“血液”，它是热量的载体，通过它把室内的热量传递到室外(制冷)或把室外的热量传递到室内(制热)。

制冷剂又称制冷工质，是制冷循环的工作介质，利用制冷剂的相变来传递热量，即制冷剂在蒸发器中汽化时吸热，在冷凝器中凝结时放热。目前国内空调用制冷剂基本上都为R22，单工质制冷剂。化学分子式：CHF_2CL，标准沸点：−40.8℃凝固温度：−160℃，不燃烧，不爆炸，无色、无味、微毒，属于氢氯氟烃 HCFC。水在 R22 中可溶，因此需进行水分控制，否则会发生冰堵。国外已经有用 R410A 和 R407C 进行替代，(R410A 和 R407C 为非共沸制冷剂)其成分组成见表 5-3。

表 5-3　两种新冷媒的成分组成

成分组成	R32	R125	R134
R410A	50%	50%	—
R407C	23%	25%	52%

5.4　变频式空调器

5.4.1　变频式空调器基本知识

1. 变频空调概念

1) 什么是变频

变频是一种电动机的运转控制技术，在空调中用在压缩机或电动机的转速调节中，能根据设定温度和周围环境温度来控制输出能力的大小，实现没有浪费的连续运转。

2) 什么是变频式空调器

变频空调器是一种通过控制压缩机的转速，以发挥最能与环境状态相匹配的能力而设计的空调器。

变频式空调器的工作原理是压缩机由变频式电动机拖动，电源变频器输出频率变化的交流电供给变频电动机，使电动机的转速可以根据室内制冷量的需要而连续变化，最终压缩机的制冷量达到连续变化的自动控制。为了配合制冷量的连续变化，空调器制冷系统中采用了先进的电子膨胀阀，由脉冲电动机开关阀芯，快速控制进入蒸发器的制冷剂流量。

变频式空调器的制冷系统由压缩机、室内换热器、室外换热器、电磁四通阀、电子膨胀阀、除霜二通阀、毛细管等几部件组成，由微电脑控制电子膨胀阀的开度，保持适当的制冷剂流量。在室外换热器除霜的短时间里，制冷剂通过除霜二通电磁阀进入室外换热器加热换热器除霜，结束后电磁阀关闭，恢复正常的工况运行。

变频空调器的工作过程：变频空调器中的变频器可以改变压缩机电源的频率，使压缩机在开始供冷或供暖的初始阶段，以超过额定功率 16%的大功率高速运转，当室温达到设定温度时，则以额定值 50%的小功率运转，不但能维持室温恒定还会节约电能。当室温与设定温度之差较大时，变频器自动增大压缩机电源的频率以提高压缩机运转，在很短时间内达到设定温度。

2. 变频空调的基本特征

(1) 有专用的变频器。
(2) 变频压缩机(三相感应电机与永磁体电机)。
(3) 专为变频设计的制冷制热系统。
(4) 使用性能先进的中央处理器。

3. 直流变频技术

直流变频与交流变频的区别主要有以下几点。
(1) 压缩机的驱动电是直流电还是交流电。
(2) 交流变频电力转换过程：交流市电→可控直流电→可控交流电→交流变频压缩机。
(3) 直流变频电力转换过程：交流市电→可控直流电→直流变频压缩机。
(4) 直流变频空调的分类：全直流变频空调，压缩机电机及室内外风扇电机均为直流电；直流变频空调，只有压缩机电机使用直流电。

5.4.2 矢量变频知识

1. 矢量变频背景

(1) 矢量直流变频技术是近年来刚刚开始发展的直流变频控制技术。
(2) 是先进技术的代表，是未来空调市场的趋势性产品。
(3) 海信占据国内直流变频技术的最高点。
(4) 2006 年海信变频空调已全面升级，普通交流变频空调采用空间矢量(SVPWM)调制技术，噪声小，效率高。
(5) 77、76、99V 系列采用矢量(120°)控制技术。
(6) 99S 系列采用世界顶级矢量(180°)控制技术。

2. 知识储备

1) 矢量与标量的区别
矢量：既有大小又有方向的物理量(如力)。
标量：只有大小没有方向的物理量(如温度)。
2) 矢量(180°)直流变频技术与普通直流变频技术的区别
矢量(180°)直流变频技术：压缩机运转一周，驱动力随时与转子方向保持一致。
矢量直流变频技术的优势：运转效率更高，运转更平稳，噪声品质更好，压缩机使用寿命更长。
普通直流变频空调：压缩机运转一周，驱动力方向变化 6 次，即每 60° 变化一次方向。

3. 能效比与季节能效比

(1) 能效比(EER)，在额定工况和规定条件下，空调器进行制冷运行时，制冷量与有效输入功率之比，其值用 W/W 表示。(这是反应一台空调器性能的重要参数。)

(2) 季节能效比(SEER)，制冷季节期间，空调器进行制冷运行时从室内除去的热量的总和与消耗电量的总和之比。可以通过季节能效比来衡量定速空调与变频空调的效率。

整体式空调与分体式空调器的能效比见表 5-4。

表 5-4　整体式空调与分体式空调器能效比一览表

类型	额定制冷量 CC/W	能效等级(能效比)				
		一级	二级	三级	四级	五级
整体		3.1	2.9	2.7	2.5	2.3
分体式	CC≤4 500	3.4	3.2	3.0	2.8	2.6
	4 500<CC≤7 100	3.3	3.1	2.9	2.7	2.5
	7 100<CC≤14 000	3.2	3.0	2.8	2.6	2.4

4. 变频空调器比传统定速空调器的优点

(1) 效率高，比传统空调更省电。变频空调制温迅速，能在 1min 内快速进入高频运转，变频空调可以根据房间温度变化适时调节空调器送出的制冷量，不必频繁开关机，省去了因压缩机频繁启停而浪费的电能，并延长了空调器的使用寿命。

(2) 比传统空调更舒适。这是因为变频空调可以把室内的温度与设定的环境温度实时进行比较，从而通过改变压缩机电机的电流频率而调整电机转速，使空调可以平滑地控制输出制冷量，保证房间温度稳定，不会忽冷忽热，噪声大大降低，使人感觉到更舒适。

(3) 用电范围更宽。变频空调器可以在比定速空调更宽的电压变化范围内工作，提高了空调的效率。

特别提示

空调器中常使用的制冷剂叫 R22/R410A，利用一个热交换器，通过一种动力使它连续蒸发或冷凝，以吸收热量或放出热量，使房间的空气通过热交换器进行冷却或升温，达到人们所需要的理想环境。

注意：R22 制冷剂不易分解，如果释放到空气中，它们将积聚在同温层，经过紫外线照射，导致其分解与后臭氧层混合，会造成臭氧层的破坏，使照射到地球的紫外线增加，而过量的紫外线对人体皮肤是有害的。根据国际蒙特利尔协定，R22 将逐渐地被新的制冷剂取代。目前我国海信等大部分空调制造企业为了环保用 R410A 取代了 R22，保护环境是我们每个人的责任，我们要坚持可持续性发展战略，为我们的祖国创造一个美好的未来。

本章小结

(1) 空调是空气调节的简称。空调器是指对一特定密闭空间内空气的温度、湿度、空气流动速度、空气清洁度根据设定的参数指标进行人工调节，以满足人体舒适要求的家用电器设备。

(2) 空调器按照实用功能可分为单冷型空调和冷热型空调；按照系统组合可分为整体式空调和分体式空调。

(3) 空调器主要有室内机组、室外机组及连接室内机组和室外机组的配管组成。室内机组有蒸发器、贯流风扇、微型电机、送风百叶、回风格栅、外壳等组成；室外机组主要有压缩机、贯流风扇、冷凝器及管路组成。空调器按照工作原理可分为制冷系统、电气控制系统、空气循环系统三大部分。

第6章

电冰箱制造加工工艺流程

引言

冰箱已经成为我们家电中的重要组成部分。也许你认为冰箱是一种很简单的机电产品，其实制造一台有效率的冰箱不像我们想象的那么简单。19 世纪早期，发明家们关于对冷藏科学至关重要的热物理知识的了解是很浅陋的。人们认为最好的冰箱应该防止冰的融化，而这样一个在当时非常普遍的观点显然是错误的，因为正是冰的融化起到了制冷作用。早期人们为保存冰而作出了大量的努力，包括用毯子把冰包起来，使得冰不能发挥它的作用。直到近 19 世纪末，发明家们才成功地找到有效率的冰箱所需要的隔热和循环的精确平衡。那么冰箱是如何制造出来的呢？

6.1 挤出成型

6.1.1 概述

挤出成型又称挤出模塑，是塑料重要的成型方法之一，绝大多数热塑性塑料均可用此法成型。这种成型方法的特点是具有很高的生产率且能生产连续的型材，如管、棒、板、薄膜、丝、电线、电缆以及各种型材，还可用来混合、塑化、造粒和着色等。

挤出成型过程分两个阶段进行。第一阶段将物料加热塑化，使呈粘流状态并在加压下通过一定形状的口模而成为截面与口模形状相仿的连续体；第二阶段将这种连续体用适当的方法冷却、定型为所需产品。

物料的塑化和加压过程一般都是在挤出机内进行。挤出机按其加压方式可分为螺杆式和柱塞式两种。前者的特点是，借助螺杆旋转时螺纹所产生的推动力将物料推向口模。这种挤出机中通过螺杆强烈的剪切作用，促进物料的塑化和均匀分散，同时使挤出过程连续进行，因此可以提高挤出制品的质量和产量，它适用于绝大多数热塑性塑料的挤出。柱塞式挤出机中，通过粒筒加热塑化的物料，由柱塞推向口模。这种挤出机能够产生较大的压力，一般来说，其操作是间歇进行，物料的塑化程度和均匀性不如螺杆式挤出机，因此应用范围受限制，较适用于聚四氟乙烯，超高相对分子质量聚乙烯等塑料的挤出。目前，海信公司采用螺杆式挤出机。

6.1.2 板材知识介绍

目前，应用在冰箱内壳板材的塑料品种有 ABS 和 HIPS 两大类。材料供应商及品牌种类很多，材料的选择是一个十分复杂的过程，考虑和涉及的因素也比较多，只有掌握了材料的性能和了解最终用途要求，才能使得冰箱用内壳板材的设计最优。ABS(Acrylonitrile Butadiene Styrene copolymer)板材的原料为丙烯腈、丁二烯、苯乙烯的三元共聚物。每种物质的作用如下。

丙烯腈(20%～30%)：提供了耐化学腐蚀性和热稳定性。

丁二烯(5%～15%)：提供了韧性和抗冲击强度。

苯乙烯(＞50%)：提供了硬度、表面光泽和流动性。

HIPS(High Impact Polystyrene)板材是将聚丁二烯橡胶溶于苯乙烯单体后合成而成。聚丁二烯为橡胶类材料，可增加材料的冲击强度，但因橡胶颗粒较大而造成材料表面光泽差。常有材料牌号：BASF HIPS-2710、DOW 1173、锦湖 425EP 等。

HIPS 板材生产过程中要进行电晕处理。HIPS 材料极性低，如不进行表面处理在发泡时会出现内胆离泡问题，板材进行电晕处理提高内胆表面极性使其能和泡层粘贴牢固。

HIPS 板材的电晕要求有：箱板及整体发泡门板必须经过电晕处理，非整体发泡门板可不做电晕处理；电晕处理后 HIPS 板材表面张力应大于 40dyn/cm(1dgn=1×10^{-5}N)。

6.2 真空成型

6.2.1 概述

真空成型又称吸塑成型，是属于塑料成型加工技术中发展较快的成型技术，其主要原理是将已经加热软化的塑料片材通过真空吸附的方式贴附在模具的表面，然后通过冷却、脱模、切边后形成一定的模具形状。

6.2.2 成型方式分类

真空成型方法依据成型模具(凸模、凹模)、成型所需的压力(真空、压空)的不同，同时结合电冰箱内胆的成型工艺大致分为以下四种成型方式。

(1) 凸模真空成型，如图 6.1 所示。

(2) 凸模真空、压空成型，如图 6.2 所示。

(3) 凹模真空成型，如图 6.3 所示。

(4) 凹模真空、压空成型，如图 6.4 所示。

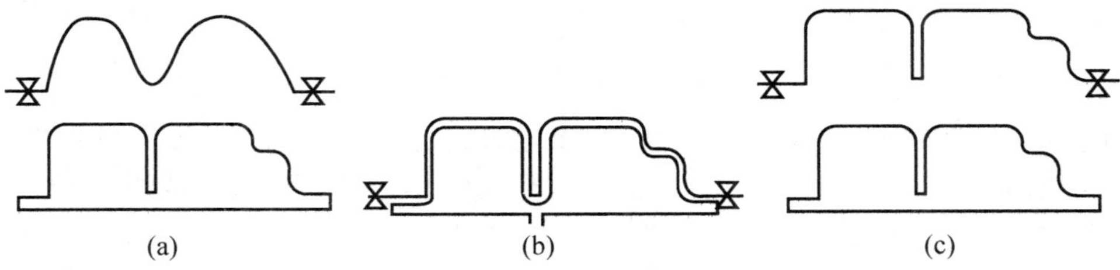

图 6.1　凸模真空成型

(a) 吹泡过程；(b) 上模、真空成型、冷却定型；(c) 脱模、模具复位

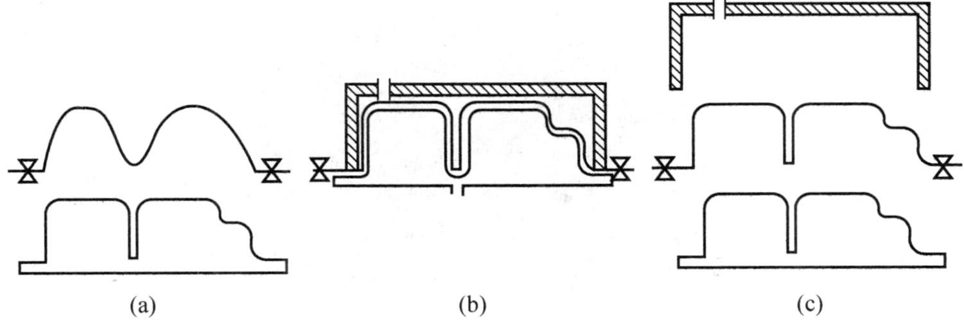

(a) 吹泡过程；(b) 上模、压空箱下降真空压空成型、冷却定型；(c) 脱模、模具复位

图 6.2　凸模真空、压空成型

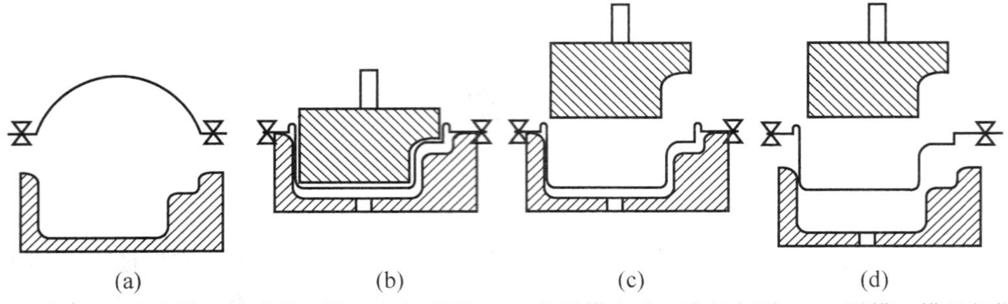

(a) (b) (c) (d)

(a) 吹泡 (b) 上模、辅助模下降、真空成型 (c) 辅助模上升、冷却定型 (d) 脱模、模具复位

图 6.3 凹模真空成型

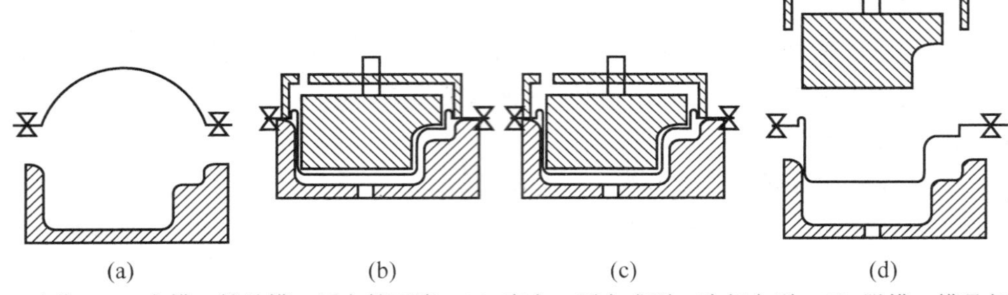

(a) (b) (c) (d)

(a) 吹泡；(b) 上模、辅助模、压空箱下降；(c) 真空、压空成型、冷却定型；(d) 脱模、模具复位

图 6.4 凹模真空、压空成型

目前大多企业箱胆成型方式均采取凸模成型方式，门胆成型方式均使用凹模成型方式。三工位 COMI 机使用凸模真空成型方式，新浅野成型机使用真空、压空成型方式(浅野成型机 2#、3#均使用真空、压空成型方式但实际生产中压空空气压力调整为 0MPa，浅野成型机 1#同样为凸模、真空、压空成型方式，仅模具结构在上方，请注意区分)单工位成型机均使用凹模、真空成型方式进行生产。

某生产冰箱企业的吸塑成型设备如图 6.5 所示。

图 6.5 吸塑成型设备

6.2.3 模具结构分类

箱内胆的成型方式按照模具结构的不同分为凸模成型、凹模成型，如图 6.6 所示，凸模成型就是制品贴附在模具的外侧成型，凹模成型就是制品贴附在模具的内侧成型。

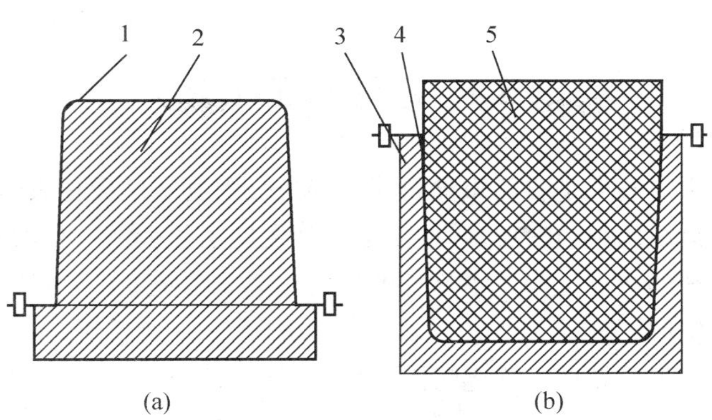

图 6.6　凹、凸模成型示意图

(a) 凸模成型；(b) 凹模成型
1、4—板材；2—凸模；3—凹模；5—辅助凸模

凸模成型的优点：①凸模模具由加工中心整体加工，尺寸精度容易保证，发泡模具易修配；②箱内胆的结构表面贴附模具表面，结构尺寸稳定。

凸模成型的缺点：①制品的外观表面直接贴附在模具，模具表面的粗糙度要求较高；②成型制品的厚度波动较大，需要的板材较厚，制品的成本较高；③不易成型较复杂的形状。

凹模成型的优点：①模具加工方式采取分片进行加工，加工成本较低；②模具不直接接触制品外观表面，模具表面粗糙度、光洁度要求较低；③制品厚薄比较均匀，需要使用板材较薄，制品成本较低；④成型过程中有辅助模具帮助，易于成型较为复杂的形状。

凹模成型的缺点：①制品结构尺寸与成型后内胆的壁厚直接关联，受成型的参数影响较大；②发泡模具不易修配；③对结构较大的模具采取板式拼接，模具配合要求较高。

6.3　钣 金 加 工

门钣金生产流程是：自动上料、冲裁、折弯、切断、引深、冲压，一般来讲前四道工序在冲压机上完成，目前很多企业采用将冲裁、引深、冲压、折弯全部放在冲压机上实现的做法。

箱钣金生产的工艺流程：板料上线、冲孔、切边、滚压成型、打角、折 U，前四道工序是一般冰箱的生产工序，加上后两道工序为ＩＩ字形或者 U 型冰箱生产的全部工序。某冰箱生产企业的箱钣金生产现场如图 6.7 所示。

图 6.7　某冰箱生产企业箱钣金生产现场

6.4 喷涂加工工艺

喷涂（静电粉末涂装）是将粉末涂料通过静电吸附到金属板材表面，在经过固化流平后形成一层保护及装饰作用的涂层。喷涂工艺已经发展了30多年，目前工艺已经非常成熟，同时喷涂也属于传统的重点工序，喷涂件的理化性能非常重要，一旦喷涂出现问题将直接影响到冰箱的正常生产。

喷涂加工主要分为前处理、静电喷涂、烘干固化三部分。

6.4.1 前处理

前处理即对板材表面处理以达到板材表面干净清洁同时形成一层可以增加板材与粉末附着力的磷化膜为根本目的。冰箱外壳喷涂使用的板材一般为普通冷轧钢薄板，现在逐步往镀锌基材发展。

前处理的工序流程一般有：脱脂、水洗、磷化、水洗、纯水洗、烘干。

脱脂是利用一定浓度的脱脂剂将板材表面的油与颗粒附着物除去的加工工艺。冷轧板加工过程导致板材表面会残留大量的动植物油，直接涂装将导致涂层附着力差同时影响涂层外观质量，所以脱脂处理的效果直接影响到涂装的结果，脱脂即利用皂化反应及相似相溶原理除去板材表面残留的动植物油，使板材表面干净清洁。

磷化是使用专用的磷化药剂处理干净清洁的板材在板材表面形成一层特殊的防护膜，这层防护膜可以增加粉末涂层与板材的附着力，也能有效防止腐蚀蔓延，起到增加外壳使用寿命的目的。

水洗是为了除去脱脂及磷化后板材表面残留的药剂，避免药剂间互相反应。

纯水洗是最后一道水洗。目的是板材表面去离子化。防止冷轧板材在烘干前生锈。同时也避免游离离子附着在涂层下留下隐患。

6.4.2 静电喷涂

静电喷涂又分为摩擦静电与高压静电，摩擦静电使用很少，家电行业普遍使用的是高压静电喷涂。

静电喷涂是将粉末涂料颗粒通过喷枪的高压静电电场极化带电，与接地板材互相吸引堆积形成一定厚度的粉末吸附层，这层粉末排列紧密规则，由于粉末颗粒非常细微所以粉末吸附层看起来非常平整。这层吸附层经过高温固化流平后即可形成平整光亮的涂层。

6.4.3 烘干固化

烘干固化工序是喷涂加工过程中最后也是最重要的环节，烘干过程控制失当直接影响涂层附着力、涂层外观指标。固化参数的设定是非常严谨重要的，固化参数由工艺员测量设定后不可变动。

6.5　门体预装与发泡

1. 门体划分

门体按外观类型可分为金属门、玻璃门；按温度区间可划分为冷藏门、变温门(也叫多功能门)、冷冻门；按设计结构类型又可分为机械门体与电子门体。

2. 门体生产组成要素

1) 门预装

单门冰箱包括：门上端盖、门下端盖、门壳。双门冰箱包括：上门上端盖、上门下端盖、下门上端盖、下门下端盖、冷藏门壳、冷冻门壳。三门冰箱包括：上门上端盖、上门下端盖、中门上端盖、中门下端盖、下门上端盖、下门下端盖、冷藏门壳、变温门壳、冷冻门壳。其他：如玻璃门包含门边框与玻璃面板、电子门包含显示板盒、电路显示板、连接线等。

某冰箱生产企业的门预装生产现场如图 6.8 所示。

图 6.8　某冰箱生产企业的门预装生产现场

2) 门发泡

门发泡包括：门体发泡设备、门体发泡操作、发泡后清理等。门体发泡设备：目前海信公司门体发泡可分为单工位发泡、旋转 7 工位发泡、30 工位环线发泡。门体发泡设备按构造可分为干机与湿机，干机包括夹具、模具、控制柜等。湿机包括料罐、冷却器、枪头、过滤器、搅拌器等。某冰箱生产企业的门体发泡设备如图 6.9 所示，门体发泡模具如图 6.10 所示。

门体发泡重点工艺参数：可概括为三个温度、两个精度、一个密度，三个温度即料温、模温、预热温度，两个精度即流量与灌注量，一个密度即为自由发泡密度。

门体发泡工艺流程如图 6.11 所示。

图 6.9　某冰箱生产企业的门体发泡设备

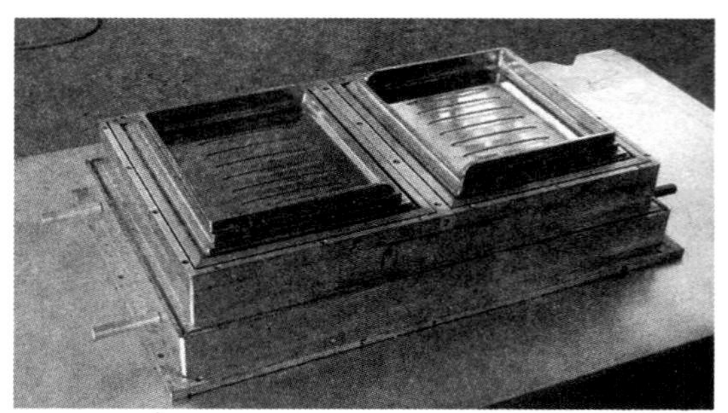

图 6.10　某冰箱生产企业的门体发泡模具

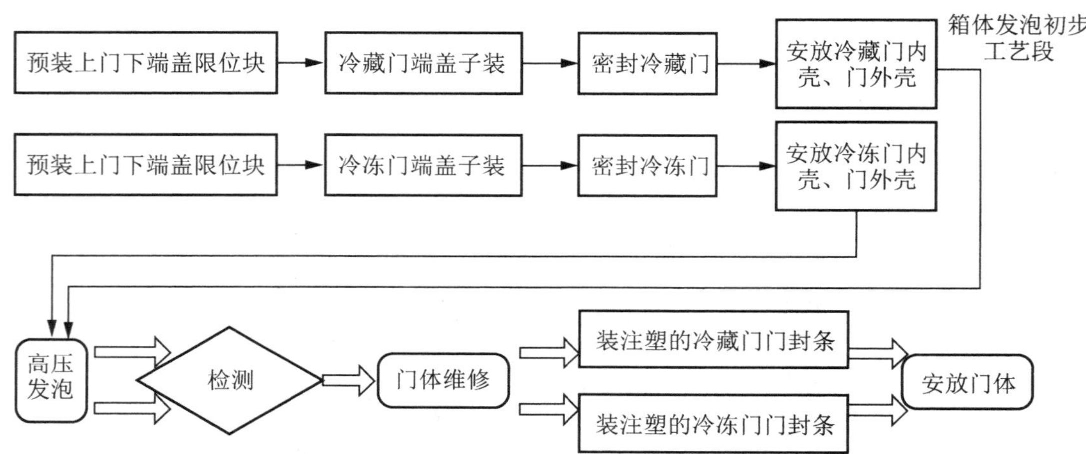

图 6.11　门体发泡工艺流程

3) 门总成

门包括：门体清料、门封装配、门体下线。

3. 门体生产流程图

门体生产流程如图 6.12 所示。

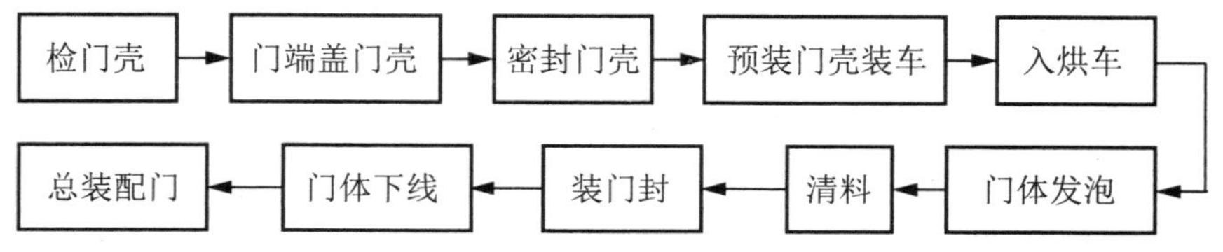

图 6.12　门体生产流程

6.6　箱体拼装与发泡

1. 箱体拼装

箱体拼装主要包括箱体预装与初装两个主要环节。箱体预装主要由压黏合、密封排水管、冷凝器贴附、装侧板、整管、密封箱内线、密封温控盒、装下底缸、盖后背等工序组成。箱体初装主要由入模、注料、出模、打高脚、打下铰链、打压机底板、放底托、返修等工序组成。

箱体拼装工艺流程如图 6.13 所示。

2. 箱体发泡设备介绍

箱体发泡设备主要使用种类有：康隆、亨内基、润英、精正等。按发泡区域可分为干机、湿机。干机主要有：夹具、模具、烘房、模温机等。湿机主要有：料罐、过滤器、冷却器、枪头等。

某冰箱生产企业使用的箱体发泡设备如图 6.14 所示。

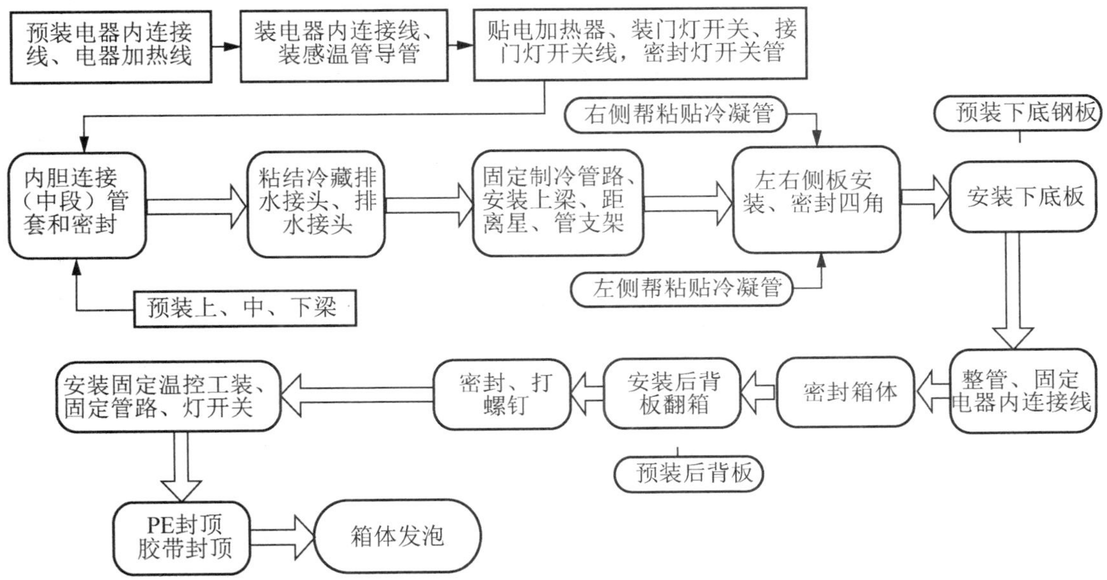

图 6.13　拼装工艺流程

图 6.14　某冰箱生产企业使用的箱体发泡设备

3. 箱体发泡主要工艺参数

箱体发泡主要工艺参数有：料温、模温、预热温度、自由泡密度、注料压力、固化时间等。

4. 箱体发泡常见性问题及处理方法

溢料：排查工艺参数是否合格、密封状态好坏、注入量是否合适、模具是否调整到位。

胆折：排查模具有无调整到位、内胆厚度是否合格、发泡前内胆状态等。

料空：排查工艺参数是否达标、内胆扎孔是否合适、内胆厚度是否达标、泡料的流动性是否合适等。

6.7 箱体总装

总装将冰箱的所有部件装配成冰箱整体，主要包括高低压管、干燥过滤器、减震套、温控组件、遥控组件、门上附件、台面装、箱内附件蒸发皿等中间部件。箱体总装工艺流程图如图 6.15 所示。

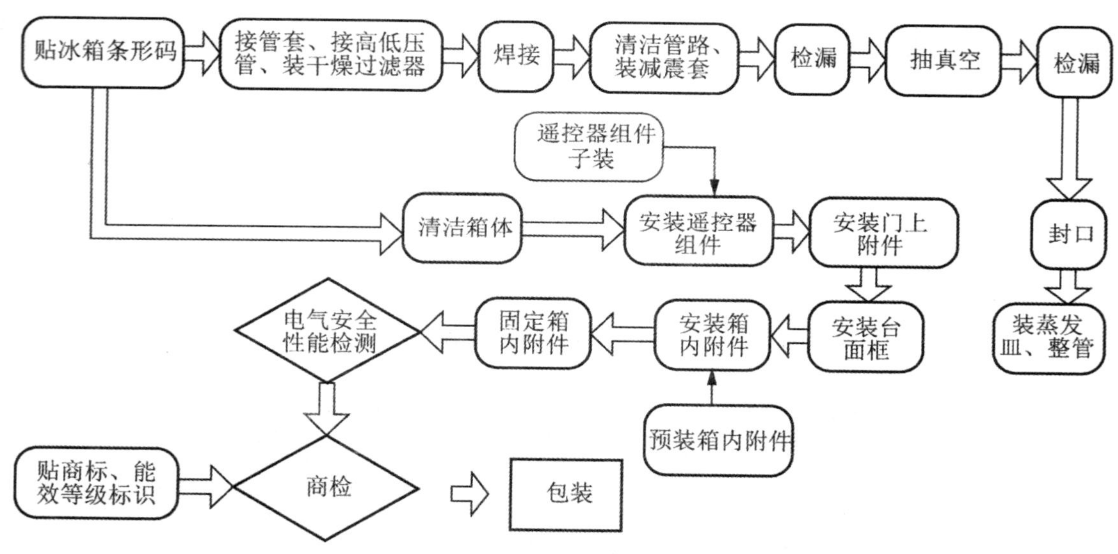

图 6.15　箱体总装工艺流程图

6.8 冰箱测试工序加工工艺流程

冰箱的检测主要包括低压检测、高压检测及冰箱的性能检测，具体流程图如图 6.16 所示。某冰箱生产企业测试工序现场一角如图 6.17 所示。

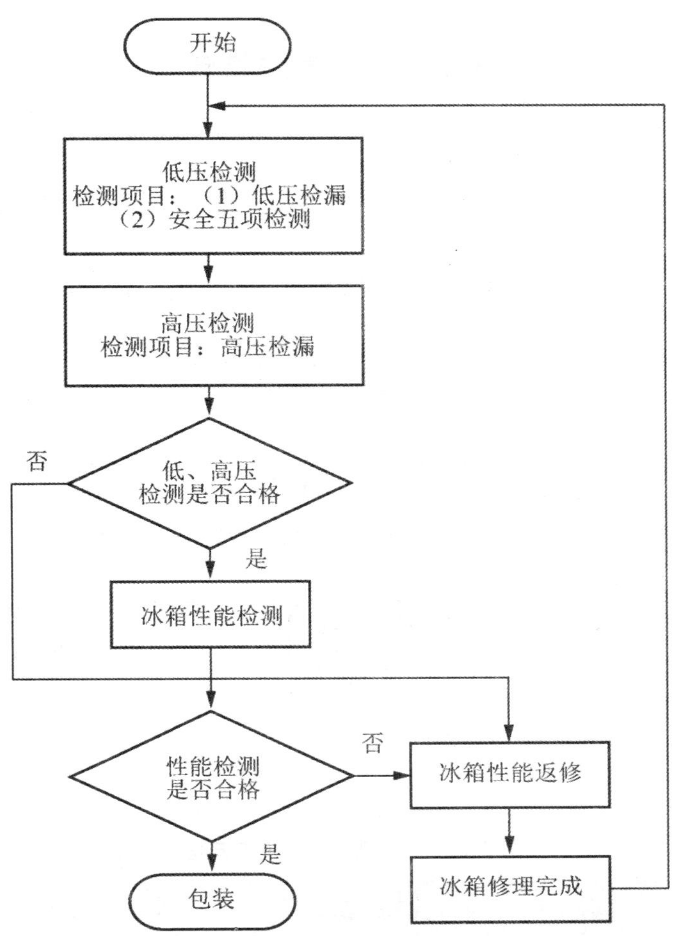

图 6.16 冰箱测试工艺流程图

图 6.17 某冰箱生产企业测试工序现场一角

6.9 箱体清洁打包

1. 箱体清洁打包生产流程

重点工序：预装说明书、固定后罩、两项检测。预装说明书重点：各零部件来料是否良好、各零部件是否漏装，装错。固定后罩重点：压机仓各管路不能与后罩互碰、各管管路不能出现管断管折。两项检测重点：测试 220V，耐压 1 800V≤10mA，1s 不击穿；绝缘 500V≥30MΩ，2s。

箱体清洁打包的工艺流程如图 6.18 所示。某冰箱生产企业清洁打包现场一角如图 6.19 所示。

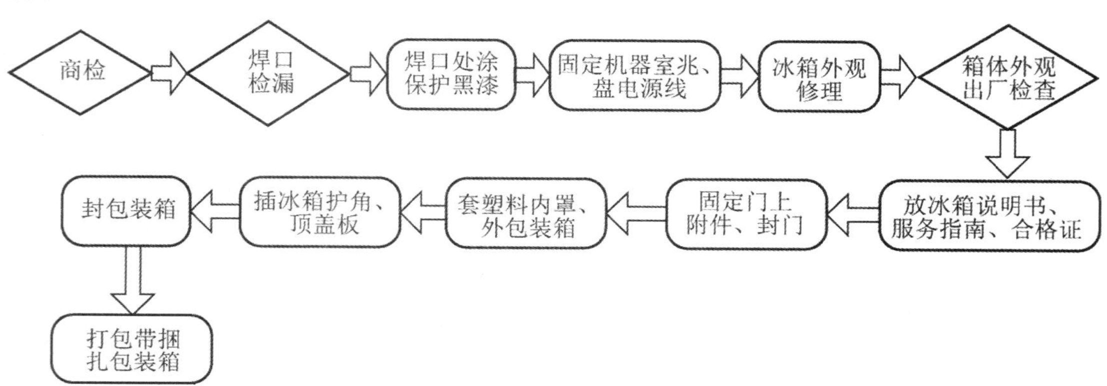

图 6.18 冰箱清洁打包工艺流程图

图 6.19 某冰箱生产企业清洁打包现场一角

2. 箱体清洁打包主要工艺参数

主要工艺参数：两项检测测试 220V，耐压 1 800V≤10mA，1s 不击穿；绝缘 500V≥30MΩ，2s。

3. 箱体清洁打包注意事项

(1) 戴好手套等劳保用品防止划伤。

(2) 注意说明书内饰件的区分。

(3) 注意自互检，检查上道工序是否到位，检查自身是否到位。

本章小结

(1) 科学先进的生产工艺流程和科学的管理方法是生产一流品质冰箱的必要条件，是产品质量的保证。生产过程必须严格遵循工艺标准要求，时刻牢记质量意识。

(2) 冰箱的生产工艺主要包括真空成型制造工艺、钣金加工工艺、门体预装与发泡工艺、箱体拼装与发泡工艺、箱体总装工艺、冰箱测试工艺、冰箱清洁打包工艺。

第7章

空调器制造加工工艺流程

引言

目前我国海信、格力等空调制造企业从国外引进先进的空调生产线，不断将新技术应用到空调的产品研发及生产中去，空调制造业发展越来越快。

科学的生产工艺流程是空调器产品的质量保证，是提高生产效率的有力措施。空调制造企业历来都非常重视生产加工工艺的流程设计，不断改进生产工艺，以提高企业产品的竞争力。

7.1　空调器生产总工艺流程

空调器的生产总工艺流程主要包括内机生产工艺流程、外机生产工艺流程、冷凝器生产工艺流程、蒸发器生产工艺流程、电装生产工艺流程、喷涂生产工艺流程、配管生产工艺流程等，如图 7.1 所示。

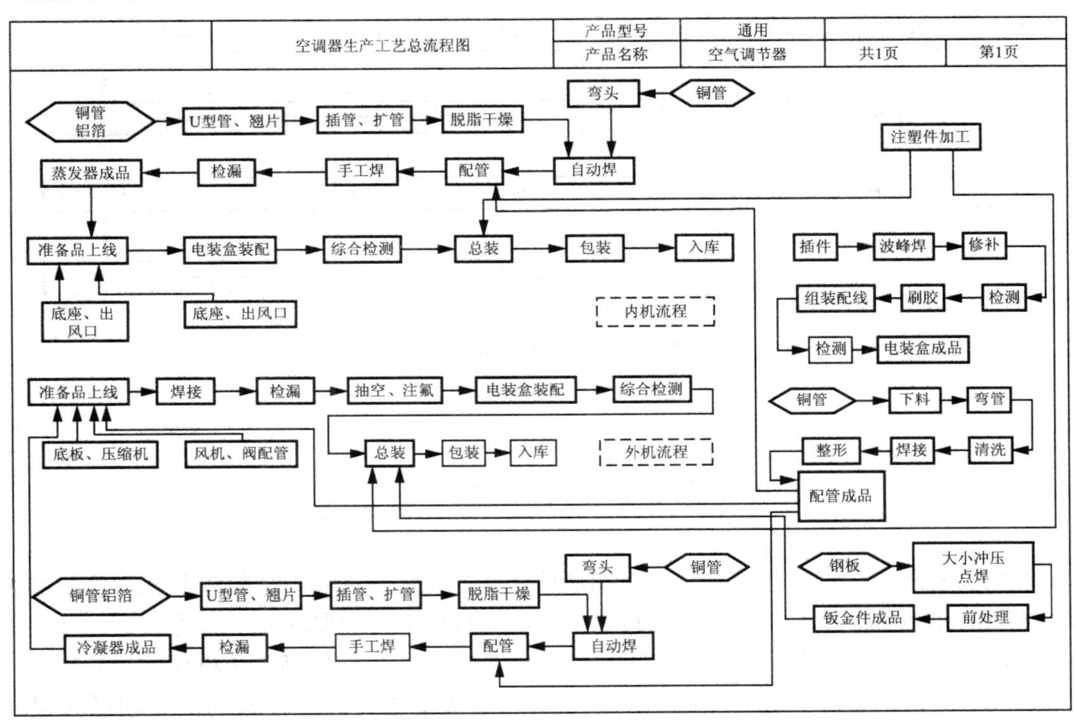

图 7.1　空调器生产总工艺流程图

7.2　空调器壁挂式内机生产工艺流程

空调器内机生产工艺流程主要包括底座准备、底座上线、贯流风扇装配、蒸发器装配、电装盒装配、挂板装配、铭牌粘贴、通电检测等工序。对每道工序的要求如下所述。

(1) 底座、风扇上线：底座组建形成的风道系统要经过严格的测试，要求做到风扇运转时风量大，噪声小。

(2) 蒸发器、电装盒装配：前工序成品经过严格的检查后送往组装线进行装配。

(3) 综合检测：综合检测室通过内外机模拟信号通信进行检测和计算，自动采集、判断数据是否合格，以保证产品质量。

(4) 外观件装配：外观件采用先进的注塑工艺生产，组装后形成优美的外观效果。

(5) 外观检查：外观检查人员对空调进行全面的外观检查，确保产品外观质量。

壁挂式空调器室内机生产工艺流程如图 7.2 所示。

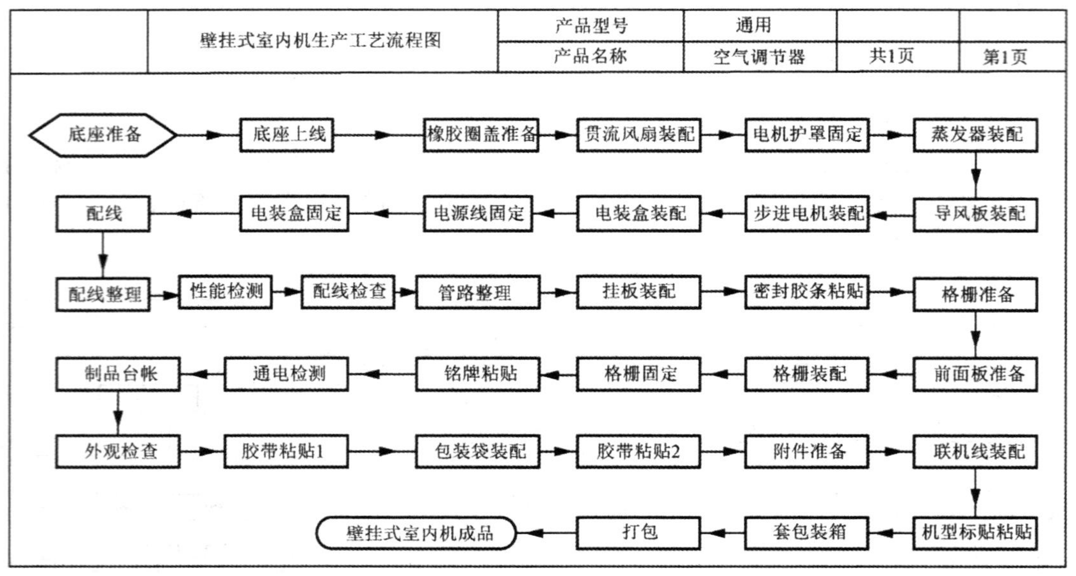

图 7.2　壁挂式空调器室内机生产工艺流程图

7.3　空调器室外机生产工艺流程

空调器室外机生产工艺流程主要包括底座上线、压缩机准备、压缩机装配、冷凝器装配、配管、抽真空、电装盒装配、卤检等工序，对每道工序的要求如下所述。

(1) 底板、压机上线：压机是空调的心脏，一般应采取新冷媒高效压机保证产品品质。

(2) 冷凝器、电机上线：冷凝器为散热器，形成能量转换。电机为制冷剂循环提供动力。

(3) 四通阀组件准备：四通阀配管放在水槽中，以氮气为保护进行焊接，保证焊接质量。

(4) 配管焊接：钎焊采用助焊剂和氮气保护的方式下焊接。焊接无氧化，焊点无铜屑。

(5) 抽空检漏：采用高效率真空泵对系统内水分，污物进行抽空清理。

(6) 注氟：注氟机为自动检测，抽空合格后进行注氟。精确度为±5g。

(7) 组装：按照工艺要求对管路和线路进行装配，保证产品品质。

(8) 卤检：卤素检漏仪的精度为0.5g/a，有效控制整机泄漏。

(9) 综合检测：联机进行参数的自动采集，自动判定是否合格。保证了产品性能的稳定。

(10) 钣金件装配：采用优质板材的钣金件装配成空调的外部构件。

(11) 外观检查：外观检验人员对空调进行全面外观检查。

(12) 打包下线：通过外观防护件的装配形成外机整机，确保机器完好的到客户手中。

空调器室外机生产工艺流程如图 7.3 所示。

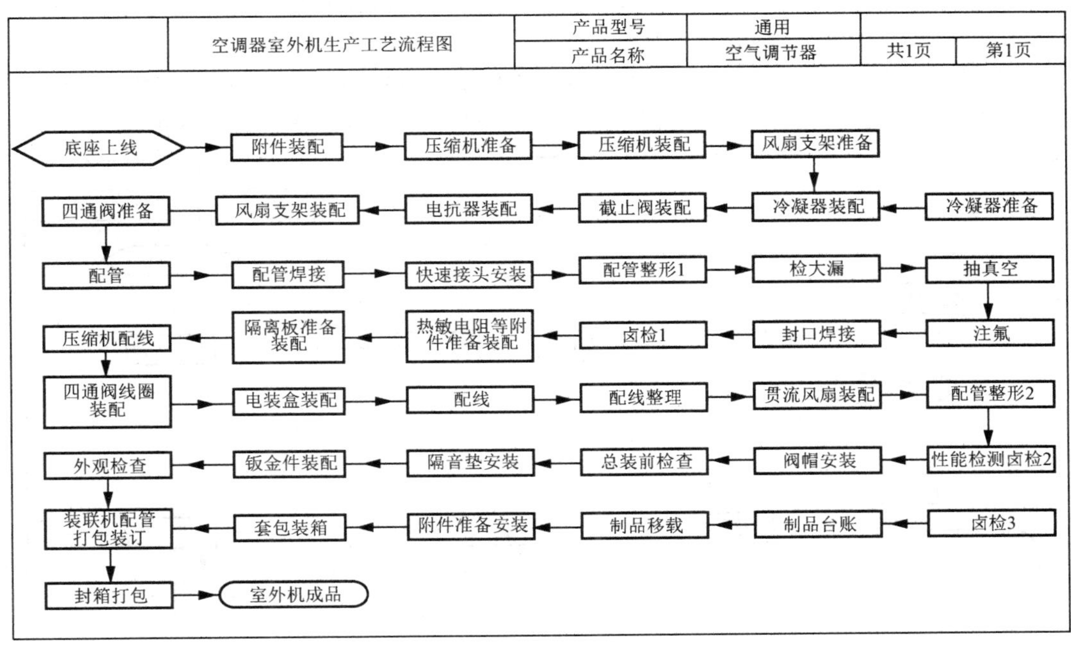

图 7.3　空调器室外机生产工艺流程图

7.4　空调器蒸发器生产工艺流程

蒸发器是空调器的热交换器，其生产工艺流程主要包括翘片加工、U 型管生产、胀管、自动焊接、手工焊接等工序。蒸发器生产工艺流程如图 7.4 所示。

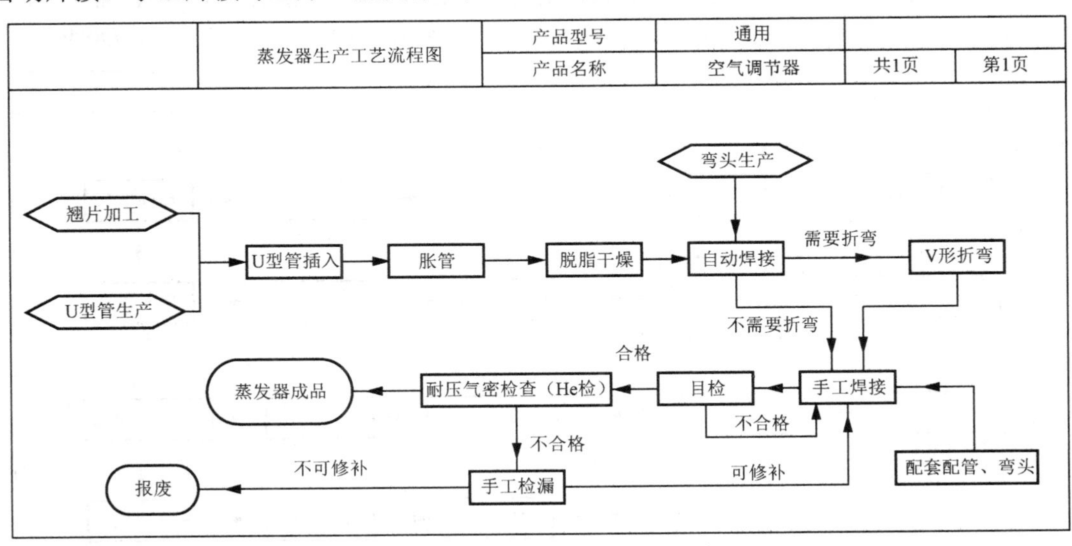

图 7.4　空调器蒸发器生产工艺流程图

7.5　空调器冷凝器生产工艺流程

冷凝器是空调器的热交换器，其生产工艺流程主要包括翘片加工、U型管生产、胀管、自动焊接、翘片分离、耐压气密检查等工序。冷凝器生产工艺流程如图7.5所示。

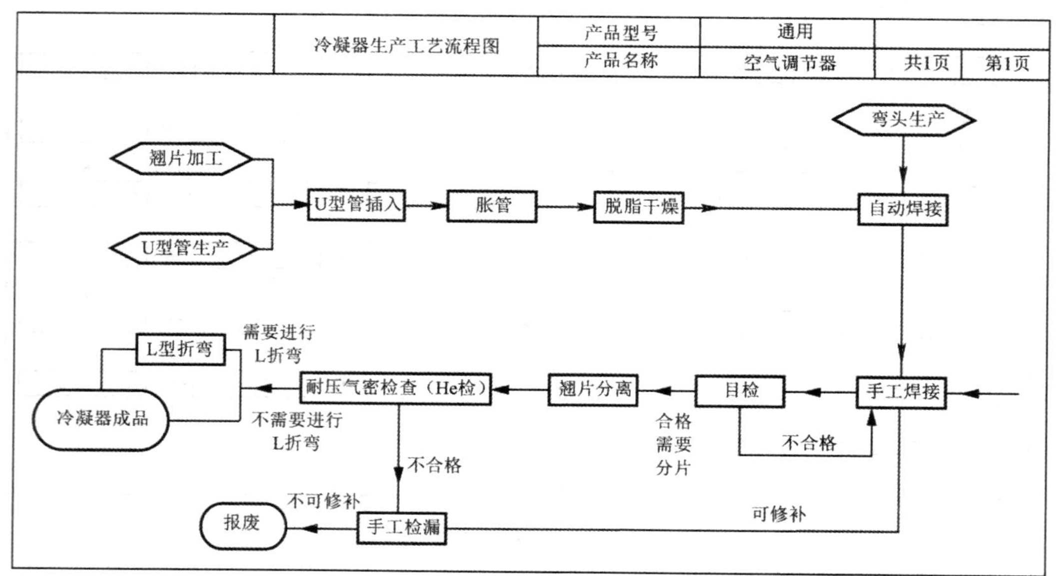

图7.5　空调器冷凝器生产工艺流程图

7.6　空调器电控电装生产工艺流程

电控板可分为室内电控板和室外电控板，电装生产工艺流程主要包括检板上线、插件、集成电路装配、功率模块装配、功能测试等工序。电装生产工艺流程如图7.6、图7.7、图7.8所示。

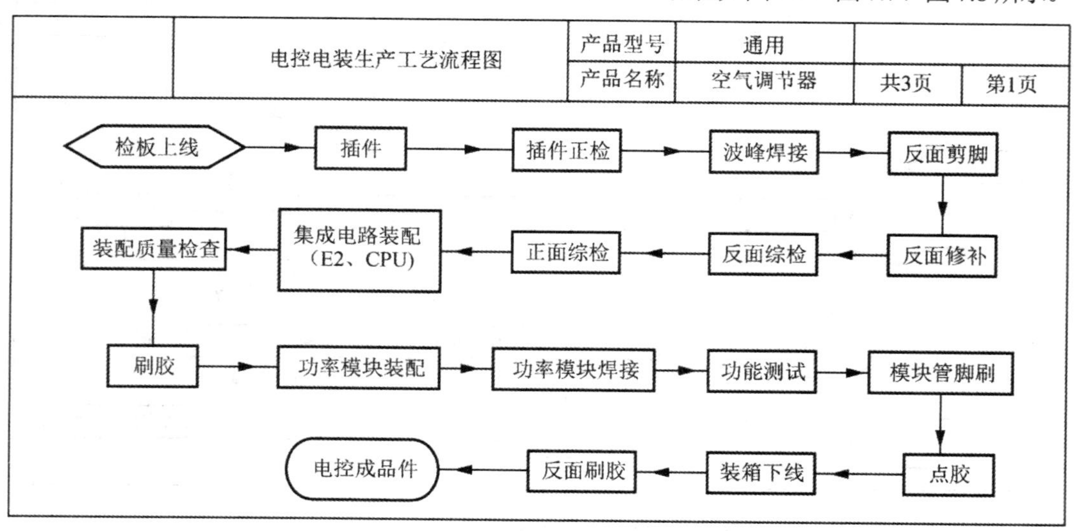

图7.6　空调器电控电装生产工艺流程图(第1页)

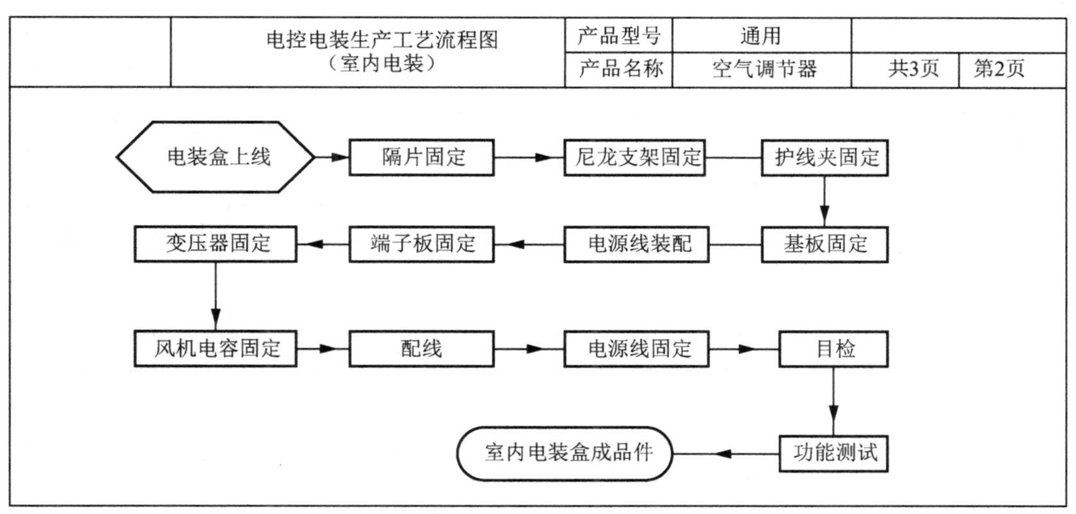

图 7.7　空调器电控电装生产工艺流程图(第 2 页)

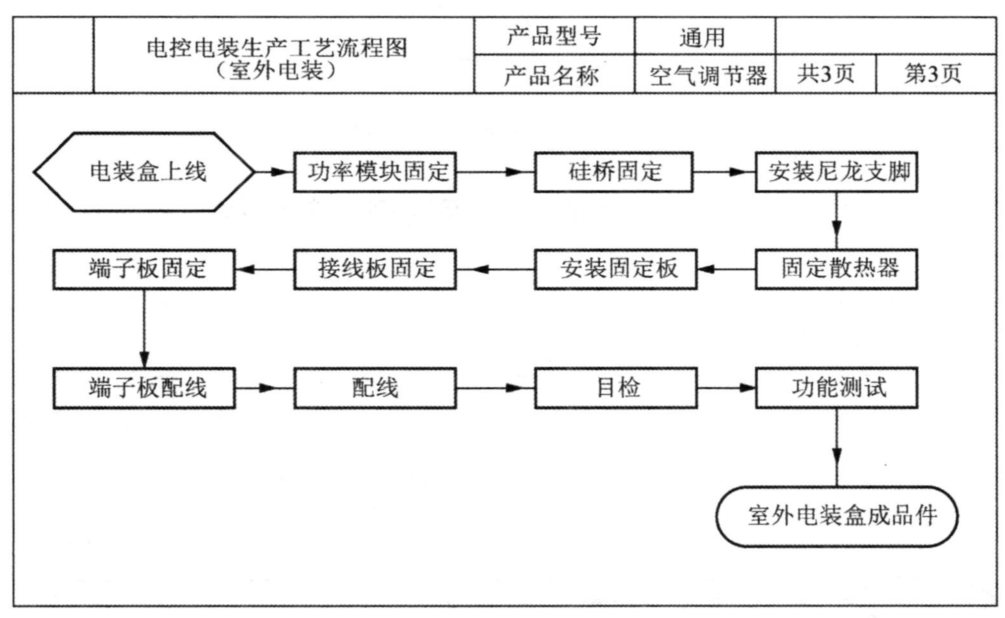

图 7.8　空调器电控电装生产工艺流程图(第 3 页)

7.7　空调器喷涂生产工艺流程

空调器喷涂生产工艺流程主要包括钣金件转运、热水洗、脱脂、磷化、水洗、吹水、喷粉等工序。喷涂生产工艺流程如图 7.9 所示。

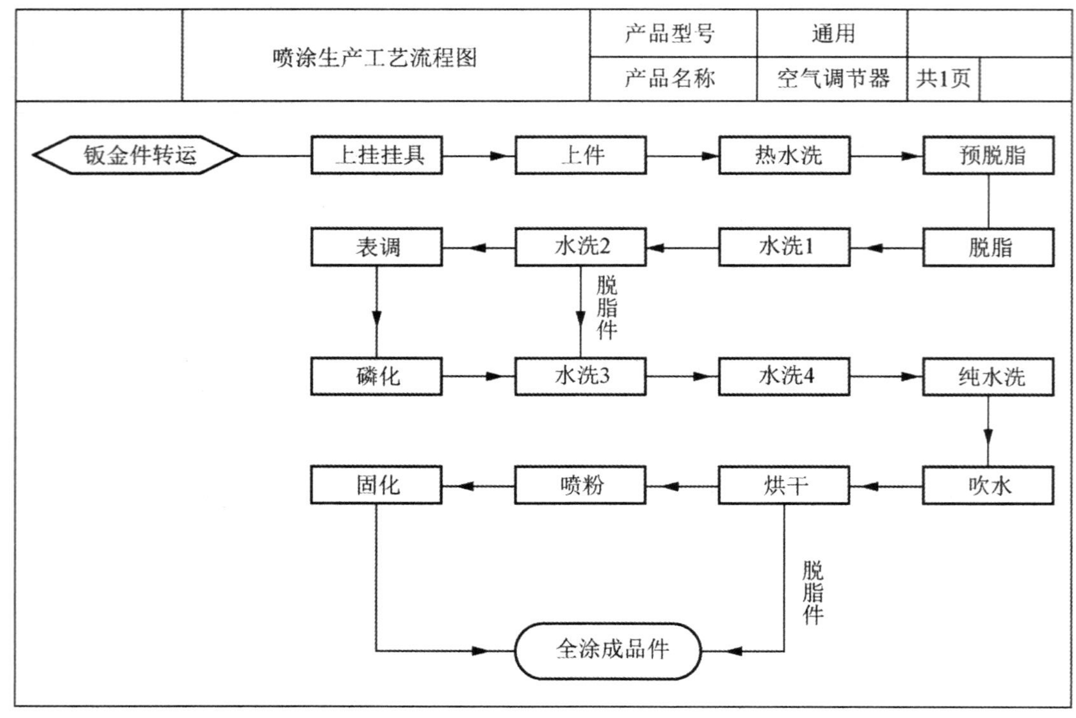

图 7.9　空调器喷涂生产工艺流程图

7.8　空调器联机配管生产工艺流程

空调器联机配管生产工艺流程主要包括备管、水检、盘圆、扩口等工序。配管生产工艺流程如图 7.10、图 7.11 所示。

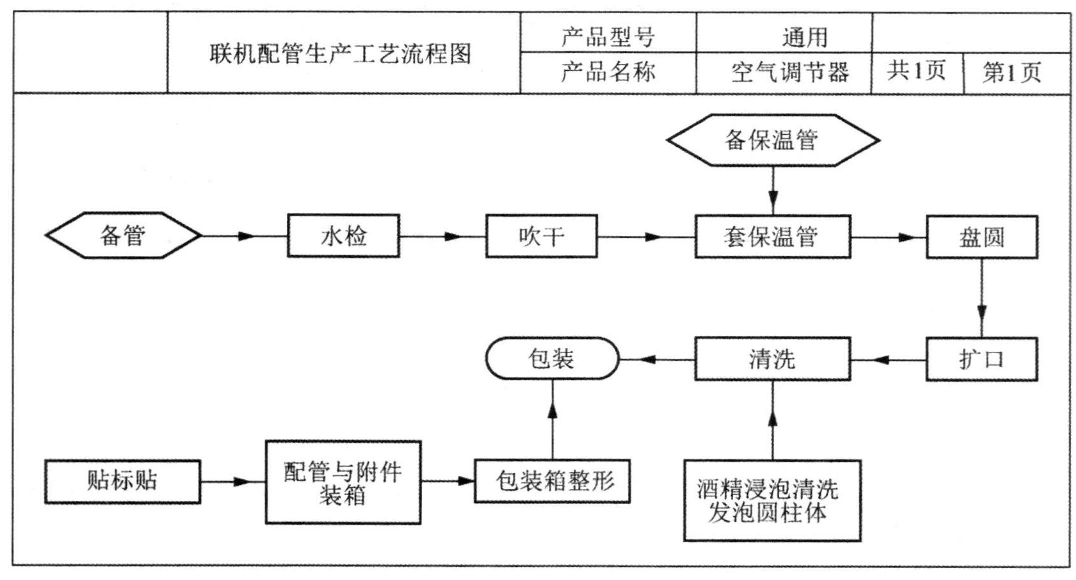

图 7.10　空调器联机配管生产工艺流程图

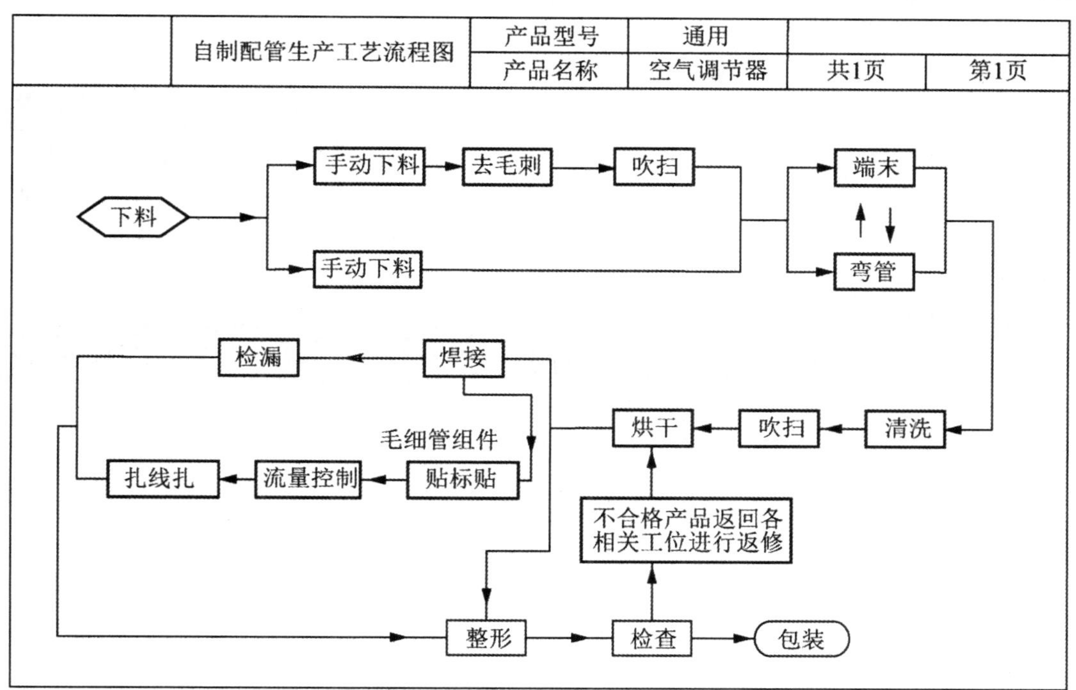

图7.11　空调器自制配管生产工艺流程图

本章小结

(1) 科学先进的生产工艺流程和科学的管理方法是生产一流品质空调的必要条件，是产品质量的保证。

(2) 空调器的生产制作工艺主要包括内机生产制造工艺、外机生产制造工艺、蒸发器生产制造工艺、冷凝器生产制造工艺、电控生产制造工艺、喷涂生产制造工艺、配管生产制造工艺等。

第 8 章

制冷与空调维修技术基础

8.1　常用维修工具与仪表

8.1.1　钳工、管工工具

1. 钢锯

钢锯由锯弓和锯条两部分组成，如图 8.1 所示。锯弓两端有槽和针轴，用来装夹锯条。锯弓可根据锯条的长短进行调节，锯条的松紧度由元宝螺母调节。

使用钢锯时应注意以下几点。

(1) 合理选择锯条，锯割较软或较厚的工件应选用粗齿锯条。

(2) 锯割较硬或较薄的工件应选用细齿锯条。

(3) 安装锯条时，锯齿齿尖应朝前。

(4) 锯条的松紧度要合适，太紧或太松都会由于用力不当造成锯缝不直，易折断锯条。

(5) 待锯割的工件应紧固，锯割速度在锯条向后拉时要稍快，但用力要轻；向前推时要慢，但用力要大。

(6) 工件锯缝较长时，锯条可横向安装。

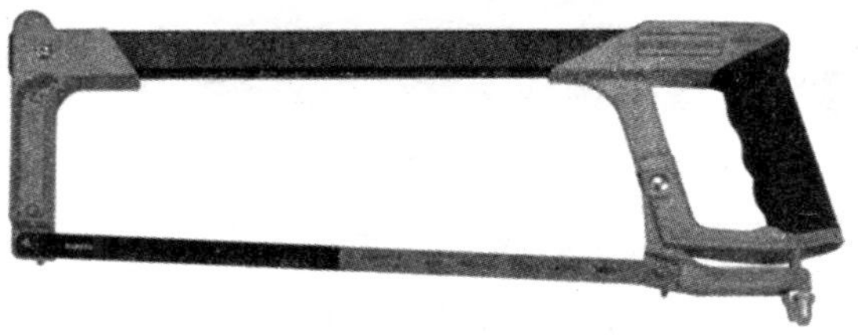

图 8.1　钢锯

2. 钳子

(1) 钢丝钳如图 8.2(a)所示，用于夹持或弯折金属板、切割金属丝等。

(2) 尖嘴钳如图 8.2(b)所示，在修理中，用于较狭小的地方钳夹工件。

(3) 鲤鱼钳如图 8.2(c)所示，用于夹持扁或圆的工件，也能切断金属丝等。

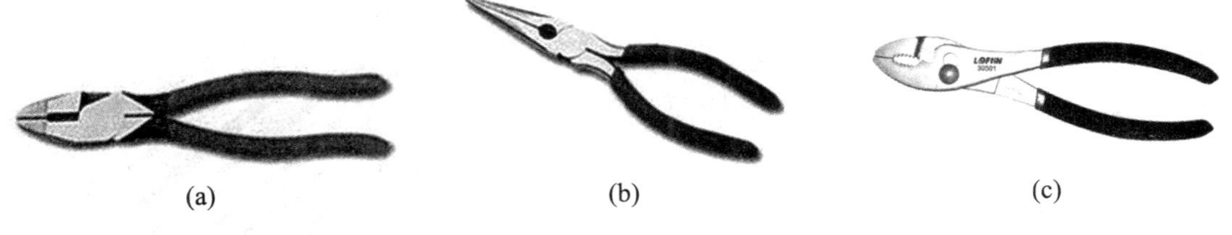

(a)　　(b)　　(c)

图 8.2　钳子

(a) 钢丝钳；(b) 尖嘴钳；(c) 鲤鱼钳

3. 螺丝刀

(1) 一字形螺丝刀如图 8.3(a)所示，用于旋动头部有一字槽的螺钉。

(2) 十字形螺丝刀如图 8.3(b)所示，用于旋动头部有十字槽的螺钉。

(a) (b)

图 8.3 螺丝刀

(a) 一字形螺丝刀；(b) 十字形螺丝刀

4. 扳手

(1) 活动扳手如图 8.4(a)所示，用于开口宽度在一定范围内可以调节、装配及拆卸的螺栓或螺母。

(2) 套筒扳手如图 8.4(b)所示，螺钉或螺母由于旋动地位限制，普通扳手不能工作时，就要采用此种扳手。

(3) 梅花扳手，如图 8.4(c)所示，用于螺钉和螺母的周围空间狭小，不能使用活动扳手时。

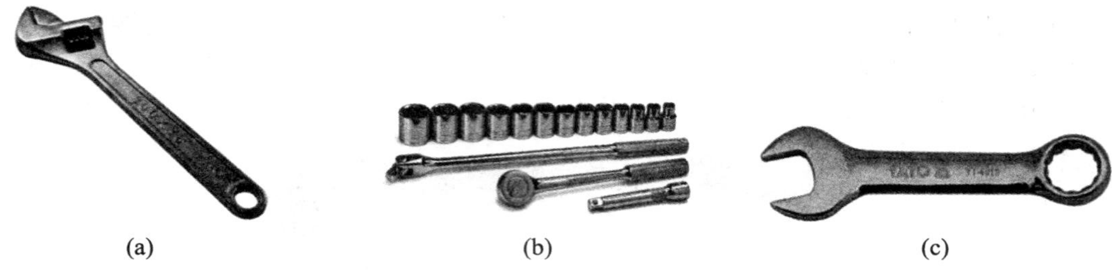

(a) (b) (c)

图 8.4 扳手

(a) 活动扳手；(b) 套筒扳手；(c) 梅花扳手

5. 锉刀

锉刀是用高碳工具钢制成，用于对工件表面进行锉刚加工，如图 8.5 所示。锉刀可分普通锉图 8.5(a)、什锦锉图 8.5(b)和特种挫三类。在修理中常用的是普通锉和什锦锉，这两种锉刀根据其断面形状不同又可分平锉、方锉、三角锉、半月锉和圆锉。什锦锉主要用于工件上细小部位的锉削。

(a) (b)

图 8.5 锉刀

(a) 普通锉刀；(b) 什锦锉刀

6. 刮刀

刮刀是用碳素工具钢或弹性较好的滚动轴承钢锻制而成，用于在工件上刮去一层很薄的金属。刮刀可分平面刮刀和曲面刮刀(三角刮刀、圆头刮刀等)。在修理中常用的是三角刮刀，如图 8.6 所示。

7. 榔头

榔头是用工具钢制成，并经淬变处理，主要用于装拆零件的敲击，如图 8.7 所示。榔头的木柄要选用坚固的木材(如檀木等)制成，安装在榔头中必须稳固可靠，要防止脱落而造成事故。装木柄的孔要做成椭圆形，且两端大中间小，木柄敲紧在孔中后，端部再打入楔子，这样就不易松动。

图 8.6　三角刮刀

图 8.7　榔头

8. 钢冲

钢冲是用 45 号钢车制，经过油内退火后而成，其形状如图 8.8 所示。用钢冲胀铜管口时，把被胀铜管的一端 20mm 长处加热，在室温中自然冷却，然后将铜管放入胀管器中夹紧，铜管上部露出 10～15mm，再将胀管器夹在台虎钳上。用榔头将钢冲轻轻敲打，边敲边转动，待钢冲全部打进去后，取出钢冲，用砂皮将管端打光，并用干布擦净。

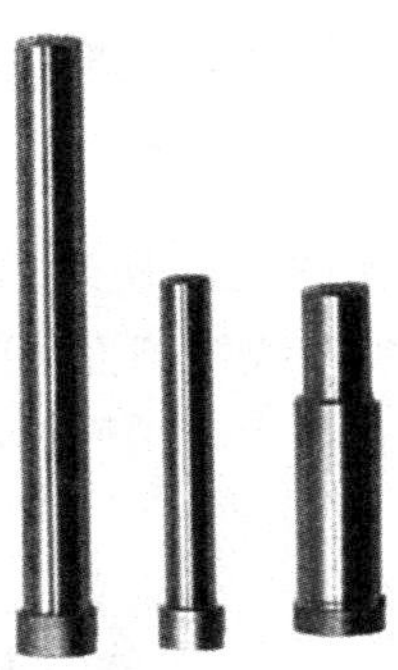

图 8.8　钢冲

9. 电钻

电钻是由人直接握持在工件上钻孔的工具。常用的有手提式和手枪式电钻，如图 8.9 所示。使用电钻时，必须注意以下几点。

(1) 目前常用电钻的使用电压为 220V，保证电气安全性能极为重要，在使用前，必须检查电气绝缘是否良好，导线有无破损等。

(2) 钻孔工件必须用手虎钳或台虎钳夹持，如在圆柱形工件上钻孔，要把工件夹持在 V

形铁上，以免工件在钻孔时转动。

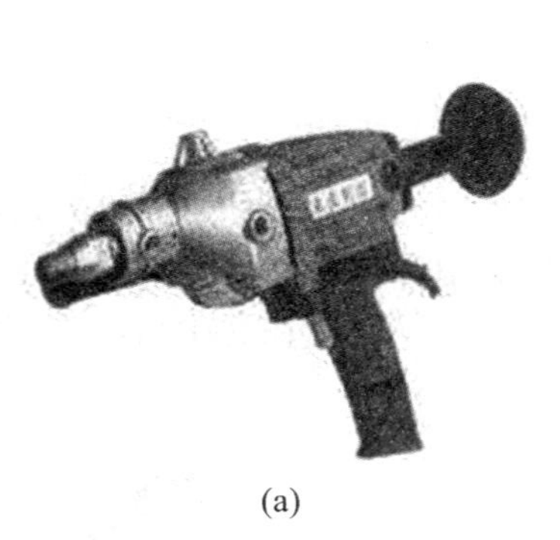

(a)

(b)

图 8.9　电钻

(a) 手枪式；(b) 手提式

10. 台虎钳

台虎钳是装在钳桌上，用来夹持工件，如图 8.10 所示。一般可选用钳口宽度为 75mm 或 100mm 的台虎钳。使用台虎钳时应注意以下几点。

(1) 台虎钳安装在钳桌上时，必须使固定钳身的钳口工作面处于钳台边缘之外。

(2) 台虎钳固定在钳桌上必须牢固，两个夹紧螺钉必须扳紧。

(3) 夹紧工件时，只允许依靠手的力量来扳动手柄，不许用榔头敲击手柄，以免造成丝杠、螺母或钳身损坏。

(4) 丝杠、螺母和其他活动表面上要经常加油并保持清洁，以利润滑。

另外，铁剪刀、中号布剪刀、木榔头和橡皮榔头等工具，在修理中也常用到。

11. 扩管器

扩管器是铜管扩口的专用工具，如图 8.11 所示。使用时，将已退火且割平的铜管去除毛刺后放入与管径相同的孔中，管口朝向喇叭口面，铜管需露出喇叭口深度的 1/3，然后将工具旋紧，用顶压器的锥形支头压在管口上，缓慢旋紧螺杆，扩成 90° 喇叭形，其接触面不应有裂口和麻点，以防密封不严。

图 8.10　台虎钳

图 8.11　扩管器

特别提示

使用扩管器扩制圆柱形口时，夹具仍必须牢牢夹紧铜管，否则扩口时铜管容易后移而变位，造成圆柱形口的深度不够。

12. 切管器

切管器是用来切割管子的专用工具，如图 8.12 所示。使用时，顺时针缓慢旋紧切轮，然后缓慢旋转切管器一周，再紧并旋转一周，直到管子被切断为止。切管时，要注意轮的刃口要垂直压向管子，不能歪扭或侧向扭动，由于切轮是用较硬较脆的工具钢制成，如不注意垂直和进刀深度，切管很容易使刃口边缘崩裂。

图 8.12　切管器

13. 弯管器

弯管器是用来弯制直径小于 20mm 铜管的专用工具，如图 8.13 所示。为不使管子弯管内侧的管壁有凹瘪现象，各种管子弯曲半径应不小于管径的 5 倍。使用时，将管子放入轮子槽沟内，用挟管钩钩紧，管子另一端将手柄按箭头方向移动，达到所需弯曲的角度为止，然后将弯管退出。弯曲不同的角度可调整轮子上的角度尺。

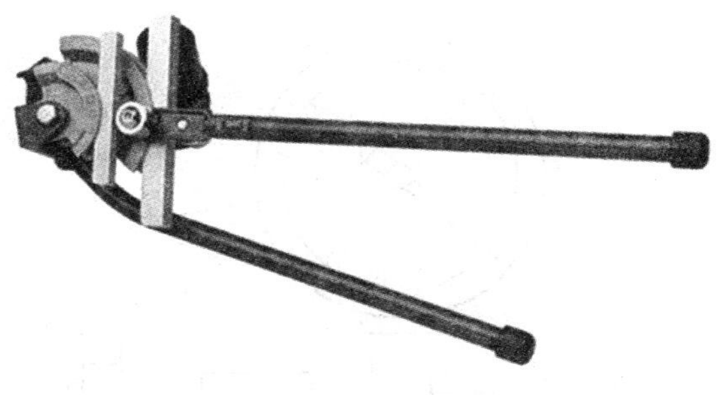

图 8.13　弯管器

14. 快速接头

快速接头是修理中抽真空、充注制冷剂或进行气密性试验连接迅速和简便的一种工具，它分凸头和凹头两部分，如图 8.14 所示。凸头与凹头各有自封阀针，当凸头插入凹头内时，两阀针对顶使管道连通，用手推运滑套使锁固球锁紧。拔开时，将滑套后推使锁固球脱槽，凸凹头阀针靠弹簧的作用各自封闭，凸凹头脱离。

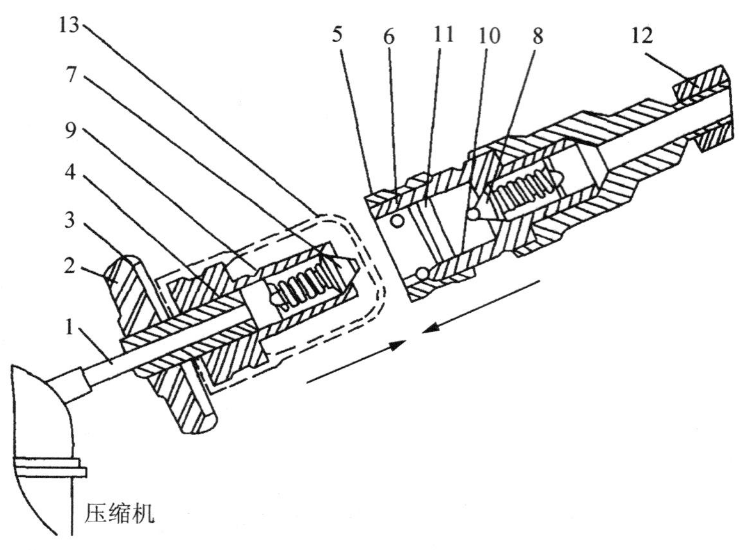

图 8.14　快速接头

1—压缩机工艺管；2—手轮；3—垫套；4—胶套；5—滑套；6—锁固球；
7、8—自封阀针；9—凸头；10—滑套弹簧；11—密封阀；12—连接软管；13—护套

15. 三通阀

三通阀是制冷系统抽真空和充灌制冷剂的专用工具。三通阀的结构示意图如图 8.15 所示。三通阀一般装有一个带有真空刻度的压力表(简称低压表)。它有两个接头。使用时，可采用耐压胶管将接头 1 与制冷系统工艺管相连，接头 2 与真空泵或制冷剂钢瓶相连。打开阀时，接头 1 与接头 2 相通；关闭阀时，接头 1 与接头 2 通道断开。压力表与接头 1 通道始终相通。通过耐压胶管将接头 2 分别与真空泵或制冷剂钢瓶相连可实现对制冷系统抽真空或充加制冷剂。

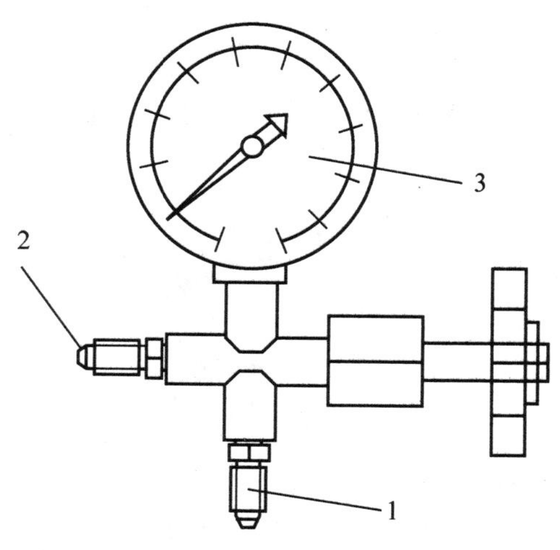

图 8.15　三通阀

1—接头 1；2—接头 2；3—低压表

16. 复式修理阀

复式修理阀是制冷系统抽真空和充加制冷剂的专用工具，其结构如图 8.16 所示。复式修理阀是由两个三通阀组合而成，中间接头为共用端。在两个阀上可分别装上带有真空刻度的压力表(简称低压表)和高压表。低压表其量程为−1～1.0MPa，高压表其量程为 0～2.5MPa。一般左侧阀装低压表，右侧阀装高压表。

复式修理阀可用于对系统抽真空和充加制冷剂，其使用方法如下：将装有高压表的三通阀接头通过耐压胶管与氟利昂钢瓶相连，装有低压表的阀用耐压胶管与真空泵相连，共用接头用胶管与制冷系统工艺管相连。对系统抽真空时，打开装有低压表的阀门，关闭装有高压表的阀门，开启真空泵对系统抽真空。可从低压表上观察系统抽真空的程度。充灌制冷剂时，关闭装有低压表的阀门，打开与钢瓶相连的装有高压表的阀门以及制冷剂钢瓶上的阀门，就可向系统充注制冷剂。

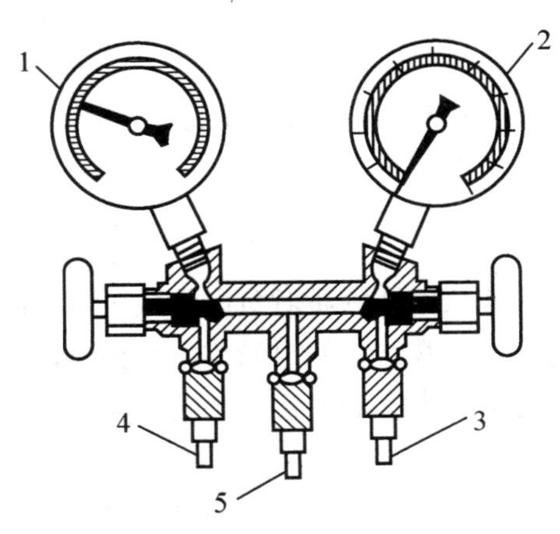

图 8.16　复式修理阀

1—低压表；2—高压表；3—高压侧接软管；4—低压侧接软管；5—公用接头软管

17. 封口钳

封口钳是封制冷系统工艺管的专用工具，封口钳的结构如图 8.17 所示。使用时，可根据铜管的壁厚，调节钳口间隙，将工艺管夹入钳口内的中间位置，用手夹紧封口钳的两个手柄，钳口即把铜管夹扁并锁住铜管。铜管封口后，拨动钳口开启手柄，在钳口开启弹簧的作用下，钳口会自动打开。封工艺管时，应注意调节钳口间隙，间隙过大会封不住管道；间隙过小会夹断管。钳口间隙一般调到略小于钢管壁厚的 2 倍。不易掌握时也可用封口钳将工艺管钳 2 道。在封好工艺管后取下封口钳，应检查夹过的管壁是否有裂纹，若有裂纹应加焊。

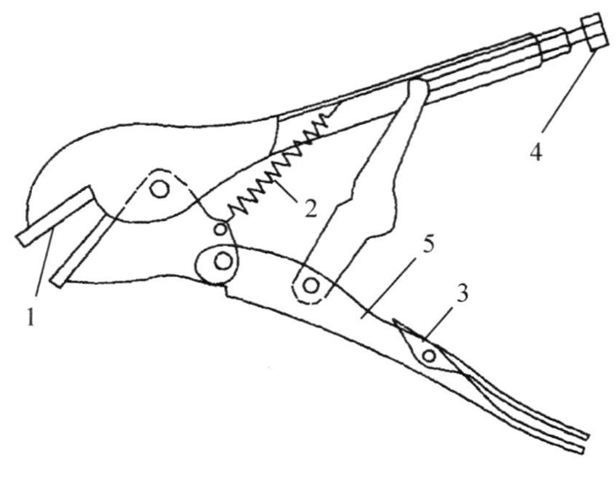

图 8.17 封口钳

1—钳口；2—钳口开启弹簧；3—钳口开启手柄；4—调节螺钉；5—封口钳手柄

8.1.2 常用仪表

在制冷系统的维修维护中常用到万用表、电压表、电流表等电工仪表，由于在前面的课程学习中已做详细介绍，这里不再详述。

1. 卤素检漏仪

卤素检漏仪根据六氟化硫等负电性物质对负电晕放电有抑制作用这一基本原理制成。当氟利昂等卤化物气体进入具有特殊结构的电晕放电探头时，就会改变放电特性，使电晕电流减小，经机内电子电路将电晕电流的变化以光信号和声音方式表达出来。卤素检漏仪如图 8.18 所示。

使用时，装上干电池，打开电源开关，报警扬声器会发出清晰缓慢的“滴咯”声，将传感器探头放到被检测位置并缓慢移动，要求探头的速度不大于 50mm/s，被检部位与探头之间距离为 3～5mm。当有泄漏时，被测气体进入探头，报警扬声器“滴咯”声频率加快，从而可检出泄漏的部位。

使用卤素检漏仪应注意：避免油污和灰尘污染探头。若探头保护罩或过滤布被污染，应拆下，用航空汽油清洗，吹干后照原样装好；不可撞击探头。由于检漏仪灵敏度高，有的可达 5g/a(年泄漏量为 5g)以下，因此不适合在有卤素物质和其他烟雾污染的环境中使用。

2. 卤素检漏灯

卤素检漏灯也是常用的检漏仪器，其结构如图 8.19 所示。检漏前，将调节手轮 7 拧紧，然后将检漏灯倒置，旋下底盘 1，将酒精加入燃料筒中并旋紧底盘，在酒精杯中加入少量酒精并点火引燃，待酒精要烧尽时，旋开手轮 7，此时燃料筒中的酒精受热汽化从喷嘴中喷出乙醇气体，再用火点着，这时吸气塑料管有吸入气流的声音，正常燃烧时火焰多呈蓝色。

检漏时，将吸气软管在被检处缓慢移动，若遇到氟利昂泄漏，则火焰的颜色发生明显变化，火焰呈绿色或紫色，从而可以确定出泄漏的位置。

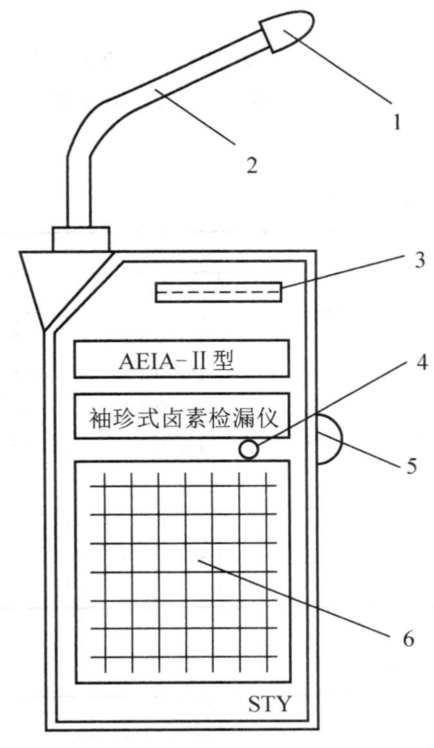

图 8.18　卤素检测仪

1—传感器探头；2—金属软管；3—信号指示灯；4—电源指示灯；5—调节电位器；6—报警扬声器

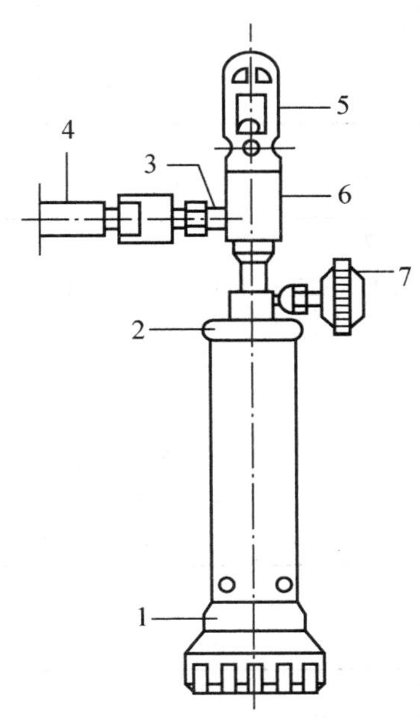

图 8.19　卤素检漏灯

1—底盘；2—酒精灯；3—吸气管接头；4—塑料管；5—火焰圈；6—吸气罩；7—手轮

卤素检漏灯使用时注意以下问题。

(1) 吸气软管不能紧贴或接触到被检部位，以免堵住管口，使火焰熄灭。

(2) 当卤素灯冒烟时，表明有氟利昂大量泄漏，应停止使用卤素灯。

(3) 灯头内火焰大小与被测点氟泄漏量的灵敏度关系较大。火焰小，灵敏度高，但易熄火；反之，则灵敏度低。

8.2　焊 接 技 术

钎焊是利用熔点比焊件低的焊料(焊条)，通过可燃气体和助燃气体在焊枪中混合燃烧时产生的高温火焰，加热焊件，熔化焊条，使焊件连接在一起。

1. 焊条与焊剂

1) 焊条

钎焊常用的焊条有：银铜焊条、铜磷焊条、铜锌焊条等。常用焊条的化学成分、性能和适用范围见表 8-1 和表 8-2。铜管与铜管的焊接常选用铜磷焊条，这种焊条在焊接过程中不需要焊剂，且价格便宜。银铜焊条具有良好的焊接性能，常用于钢与钢的焊接，焊接时需焊剂，且价格昂贵。

2) 焊剂

焊剂能在焊接过程中使焊件上的金属氧化物或非金属杂质生成熔渣。熔渣可使焊件与空气隔绝，防止焊件在高温下继续氧化，同时也可防止焊缝中夹杂氧化物，降低焊接强度并产生泄漏。

表 8-1 常用国产钎焊焊料牌号与化学成分

牌号	主要元素含量(%)						
	Ag	Cu	Zn	P	Cd	其他	杂质
料 301	9.7～10.3	52～54	35～38			Pb<0.15	<0.5
料 302	24.7～25.3	39～41	33～36.5			Pb<0.15	<0.5
料 303	44.5～45.5	29.5～31.5	23.5～26			Pb<0.15	<0.5
料 312	39～41	16.4～17.4	16.6～18.6	Ni0.1～0.5	25～26.5	Pb<0.15	<0.5
料 909	1～2	91～94		5～7			
料 204	14～16	78～82		4～6			
料 203		90.5～93.5		5～7		Sb1.5～2.5	
料 103		52～56	44～48				

表 8-2 常用国产钎焊焊料的适用范围

类别	牌号	焊接温度/°C	适用范围
银铜焊料 Ag-Cu-Zn 类	料 301	815～850	铜与铜，铜与钢，钢与钢使用焊剂
	料 302	745～775	
	料 303	660～725	
	料 312	595～605	
铜磷焊料 Cu-P 类	料 909	715～730	铜与铜，不用焊剂
	料 204	640～815	
	料 203	650～700	
铜锌焊料 Cu-Zn	料 103	885～890	铜与铜，铜与钢，钢与钢使用焊剂

焊剂分为非腐蚀性焊剂和活性化焊剂。非腐蚀性焊剂有硼砂、硅酸等。活性化焊剂是在非腐蚀性焊剂中加入一定量的氟化钾、氟化钠或氯化钠、氯化钾等化合物。活性化焊剂具有很强的清除金属氧化物和杂物的作用，但对金属有腐蚀作用，焊接完毕后，焊接处残留的焊剂和洛渣要进行清除。

铜管与铜管的焊接，采用银铜或铜锌焊条，焊剂要用非腐蚀性焊剂；铜管与钢管或钢管与钢管焊接时，采用银铜焊条或铜锌焊条，焊剂要选用活性化焊剂。

2. 钎焊焊接的工艺要求

(1) 根据焊件材料选用焊条及焊剂。

(2) 焊接管道要有合适的插入长度和配合间隙。

(3) 根据焊件材料的不同、管直径大小的不同，选用不同的气焊火焰和温度。

(4) 钎焊所用焊条的熔点温度一般在 450℃以上。焊接时，要对铜管进行预热，铜管表面的温度可根据预热后的颜色来判断：红色，480℃；暗红色，650℃；淡红色，700℃。

(5) 焊接时，火焰温度尤为重要。着火焰过强，容易使钢管烧穿；着火焰过弱，铜管预热不足，焊料流动不畅或不流动而变成圆球状易造成焊缝泄漏。

(6) 钎焊常用氧气-乙炔气焊和氧气-石油液化气焊，这两种气焊产生的火焰如图 8.20 和图 8.21 所示。

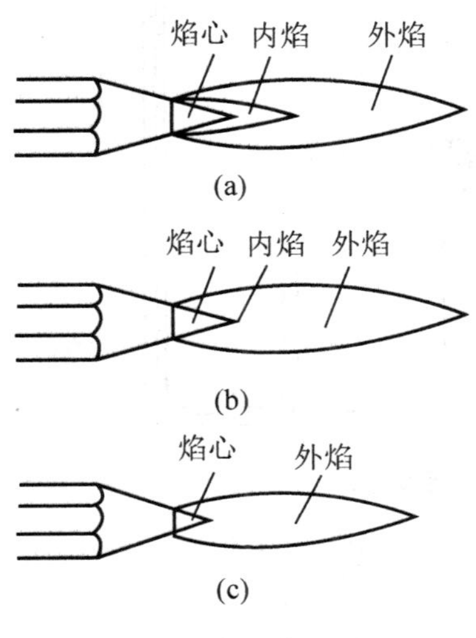

图 8-20　氧气-乙炔气火焰

(a) 碳化焰；(b) 中性焰；(c) 氧化焰

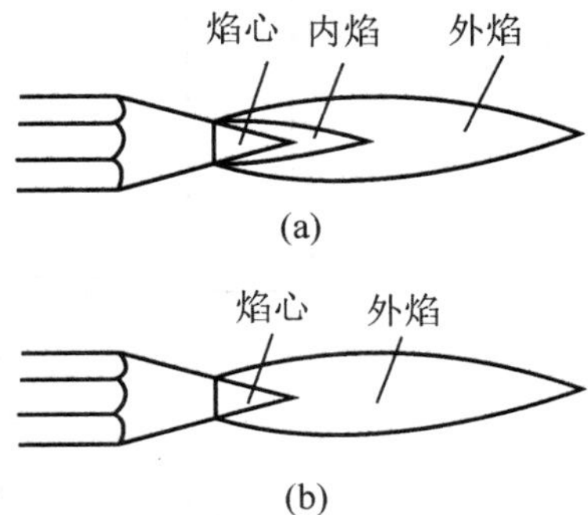

图 8-21　氧气-石油液化气火焰

(a) 碳化焰；(b) 氧化焰

(7) 氧气-乙炔气火焰分 3 种：碳化焰、中性焰和氧化焰。氧化焰的温度最高，不适宜焊接钢管。中性焰内焰为蓝白色，外焰为橙黄色。碳化焰内焰为淡白色，外焰为橙黄色。这两种火焰适合钢管的焊接，其中碳化焰的温度较低。

(8) 氧气-石油液化气火焰分两种：碳化焰和氧化焰。碳化焰内焰为淡白色，外焰为橙黄色。氧化焰焰心为青白色，外焰为天蓝色。焊接铜管一般采用氧化焰。

(9) 焊接时，可根据焊接的材料和管壁厚度及直径确定火焰。管壁厚、直径大的铜管焊接可采用较高温度的火焰。

(10) 要用细砂纸清除焊接处的油脂污垢等脏物。

3. 焊接的操作方法

氧气-石油液化气焊接设备如图 8.22 示。氧气高压气体，氧气压力为 15MPa，氧气瓶体为天蓝色，并标明黑色的“氧气”字样。使用时通过减压阀将氧气的压力降低。操作压力控制在 0.3MPa 左右。石油液化气有专用的减压阀可供使用。焊接时具体操作方法如下所述。

(1) 连接。不同颜色的输气胶管将焊枪与氧气和石油液化气减压阀相连，接头要用管卡或铁丝拧紧。关闭焊枪上的调节阀门。

(2) 调压。分别打开氧气、石油液化气钢瓶上的阀门，调节氧气减压阀，使氧气输出压力为 0.3MPa 左右。检查接头是否漏气。

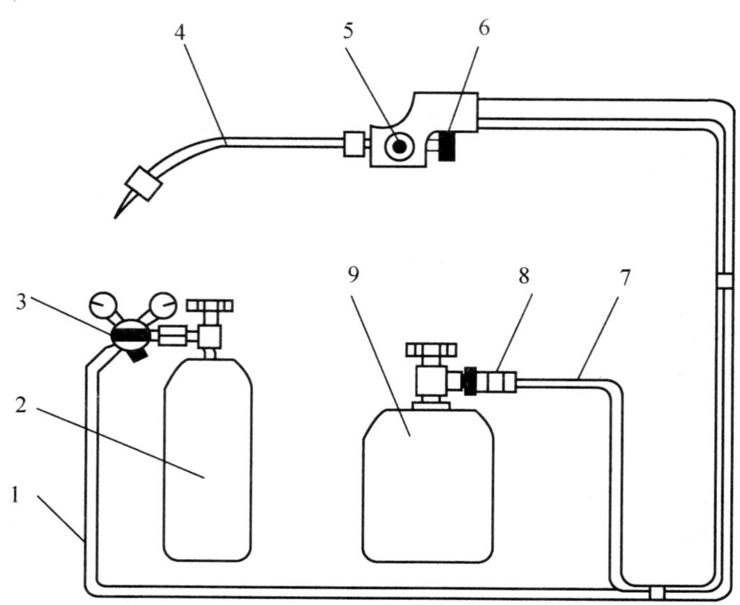

图 8.22 氧气-石油液化气焊接设备

1—氧气管；2—氧气瓶；3—氧气减压阀；4—焊枪；5—液化气调节阀；6—氧气调节阀；7—液化气管；8—液化气减压阀；9—液化气瓶

(3) 调节火焰。打开焊枪上石油液化气的调节阀，使喷嘴中有少量的液化气喷出。点火，当喷嘴出现火苗时，缓慢地打开焊枪上的氧气调节阀门，调整焊枪喷出的火焰，此时，火焰的颜色从橙黄色开始向碳化焰转变。火焰的大小与火焰的强弱可通过分别调整氧气和液化气流量得到控制。

(4) 对焊件预热。用合适的火焰均匀加热焊件，可左右、前后移动焊枪以确保焊件受热均匀。对于钢管应加热成暗红色或淡红色。

(5) 焊接。将焊条置于焊缝处，焊条遇热熔化并流向焊缝内。焊接时，可用焊枪火焰的外焰加热管，以确保焊料流淌并均匀流入缝隙。

(6) 检查焊缝质量。将氧气调节间关小降低火焰温度，检查焊缝质量。焊料尚未凝固时不能使钢管摇动，否则焊缝会出现裂缝产生泄漏。若焊接不好应进行补焊。

(7) 熄火。焊接结束后，应首先关闭焊枪上的氧气调节阀，然后关闭液化气调节阀。如果先关闭液化气调节阀，焊枪喷嘴处会发出爆声。

氧气-乙炔气焊接的方法与氧气-石油液化气的使用方法相同。乙炔气瓶的压力为 2MPa，使用时，应通过减压阀将其压力降低并控制在 0.05MPa 左右。

4. 焊接的注意事项

(1) 应遵守劳动安全规定。

(2) 氧气、乙炔气、液化石油气瓶要轻装、轻放，气瓶应放在远离热源与电源并通风干燥的地方。

(3) 不能用带有油脂的布擦拭氧气瓶的减压阀门。

(4) 要经常检查气瓶的阀门、减压阀、输气胶管及接头有无漏气现象。胶管出现裂纹时应及时更换。

(4) 钎焊完后要及时关闭气瓶上的阀门。

(6) 不能在可燃物周围作业。

(7) 更换焊枪时应关闭气瓶上的阀门。

8.3　制冷系统的检漏及抽真空

8.3.1　制冷系统的检漏

制冷系统应是一个密封清洁的系统。在对系统完成吹除清污后应对系统进行检漏。检漏的方法主要有压力试漏、真空试漏、充制冷剂试漏 3 种方法。

1. 压力试漏

压力试漏就是在制冷系统中充入压缩空气或氮气，用肥皂水进行检漏。将肥皂水用棉纱布涂于被检部位并进行仔细观察，若有气泡出现即表明该处有泄漏。

2. 真空试漏

(1) 对于采用全封闭制冷压缩机的小型制冷空调装置，一般采用真空泵做真空试漏。在压缩机的工艺管上或在回气管上设置的工艺管上，接上带低压表的三通修理阀，三通修理阀接头用耐压胶管与真空泵相连。开启真空泵运行 5min 后停机，观察几分钟，检查压力是否明显回升。

(2) 重新开机抽真空，使系统的压力达到 133Pa 以下，关闭三通修理阀阀门，停止真空泵的运行。放置 12h，观察真空表上的压力有无升高，若压力升高，说明系统有泄漏，需要采取充制冷剂试漏的方法检查微漏处。

3. 充制冷剂试漏

采用压力试漏时可以发现一些明显的泄漏点，但对一些极小的砂眼等微漏点不易察觉，为此需对系统进行充制冷剂试漏。

1) 卤素灯或卤素检漏仪检漏

(1) 点燃卤素灯，将吸气软管在检漏处缓慢移动。卤素灯在正常燃烧时火焰呈蓝色。当被检处有氟利昂工质泄漏时，灯头的火焰颜色将发生明显变化，火焰可是微绿色、淡绿色、深绿色。遇到泄漏量较大时，火焰呈紫色。当卤素灯产生冒烟时，表明氟利昂制冷剂大量泄漏，应停止使用卤素灯，因为氟利昂遇到火燃烧后会分解产生有毒的气体。

(2) 卤素检漏仪是一种电子检漏仪，具有很高的灵敏度，有的灵敏度可达 5g/a(年泄漏量 5g)以下，因此检漏时要求周围空气比较清新。灵敏度可调的检漏仪在轻度污染环境中使用，可选择适当的档次进行检漏。检漏时首先打开电源开关，使探头与被检部保持 3～5mm 的距离，移动速度不大于 50mm/s。当有泄漏时，检漏仪会发出蜂鸣报警。

2) 外观检漏

制冷剂 R22 与冷冻油部分互溶，故而油同制冷剂在系统内部一起循环。若某处有泄漏，则冷冻油随之漏出，故从外观上可看出油迹，也可用干净的白纸擦拭检查。

8.3.2 制冷系统的抽真空

制冷系统在完成检漏工作后要对系统抽真空，将系统中的水分与不凝性气体排出以保证制冷系统的正常工作。

小型制冷空调装置其系统真空度要求较高，系统中残留空气的绝对压力要求在 133Pa 以下。抽真空的方法有：低压侧抽真空、二次抽真空、复式排空气法和高低压双侧抽真空等。

1. 低压侧抽真空

(1) 低压侧抽真空是利用真空泵从压缩机上的工艺管或在回气管上设置的工艺管上抽真空，如图 8.23 所示。

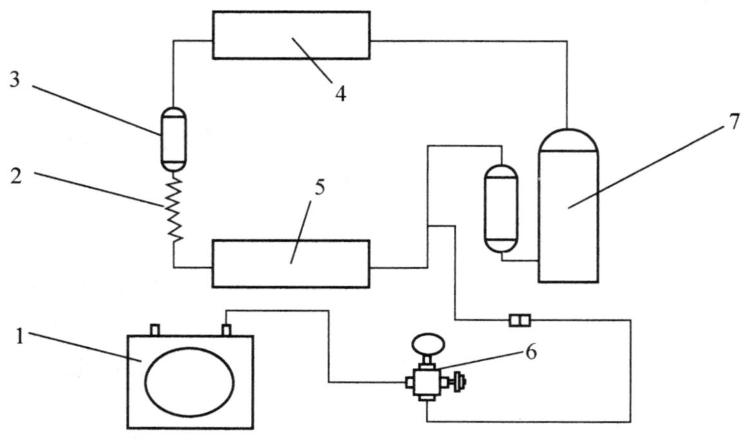

图 8.23 低压侧抽真空法示意图

1—真空泵；2—毛细管；3—干燥过滤器；4—冷凝器；5—蒸发器；6—三通阀；7—压缩机

(2) 这种方法操作简单，焊接点少，泄漏的可能性相应较小。缺点是系统高压侧的空气需经毛细管抽出，由于毛细管阻力较大，当低压侧中的空气绝对压力达到 133Pa 以下时，高压侧残留空气的绝对压力仍然较高，因此抽真空的时间要求较长。

2. 二次抽真空

低压侧抽真空很难使制冷系统达到真空度的要求，因而可先将系统抽空到一定的真空度，停止真空泵，然后向系统充入制冷剂并使系统内部压力回升到与大气压相同，此时开启压缩机运行几分钟，使系统残留空气与工质混合，停止压缩机，开启真空泵进行第二次抽真空。虽然高压侧仍然很难达到真空度要求，但同低压侧抽真空相比，系统残留的是制冷剂与空气的混合气体，减少了系统内残留的空气量。

3. 复式排空气法

(1) 抽真空的目的主要是减少系统内空气与水蒸气含量。若是没有真空泵，可采用复式排空气法，即多次向系统充入与排放制冷剂。每次充入制冷剂使表压达到 0.2MPa，停充并等候 5min，然后再排放制冷剂至表压为零，反复多次即可。这种方法的缺点是制冷剂消耗较大，且污染环境。

(2) 分体式空调器在安装时，当将室内机与室外机用管道连接后，应对室内机和连接管进行排空气操作。首先将供液管(细管)与回气管(粗管)两端接头拧紧，然后把回气管路上的截止阀充气口的螺帽旋松，将供液管路上的截止阀打开，制冷剂从冷凝器中流入管道，将室内机与连接管道中的空气通过回气管截止阀上的充气口排出。

4. 高低压双侧抽真空

(1) 高低压双侧抽真空是利用真空泵在系统高低压两侧同时抽真空，如图 8.24 所示。

(2) 在干燥过滤器的工艺管与压缩机的工艺管上用一台真空泵同时抽真空。

(3) 采用耐压胶管分别将干燥过滤器的工艺管和压缩机的工艺管与复式修理阀相连，将复式修理阀的公用接头通过耐压胶管与真空泵相接。

(4) 抽真空时，只需打开复式修理阀左右两个阀，开启真空泵就可对系统抽真空了。这种方法的优点是抽真空的速度快，高低压双侧均能达到真空度的要求，但只适用于高压侧与低压侧均有工艺管的系统。

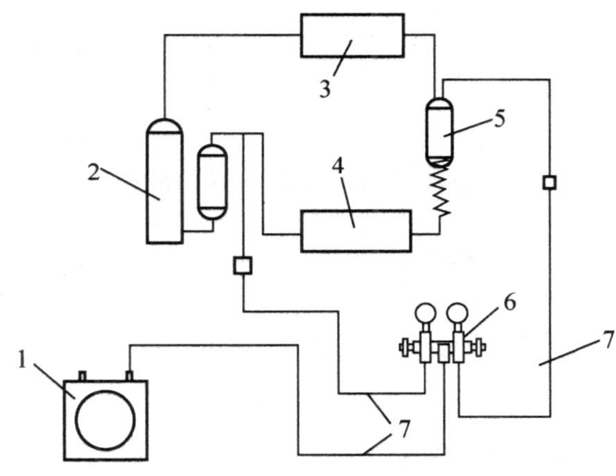

图 8.24　高低压双侧抽真空法示意图

1—真空泵；2—压缩机；3—冷凝器；4—蒸发器；5—干燥过滤器；6—复式修理阀；7—耐压胶管

8.4　制冷剂充注及充注量的确定

制冷装置充注制冷剂可以采用定量充注法、称质量充注法和压力观察充注法。

1. 定量充注法

对于小型制冷空调装置，可按照铭牌上给定的制冷剂充灌量加充制冷剂。定量充注法主要是采用定量充注器或抽空充注机向制冷装置定量加充制冷剂。定量充注器和抽空充注机的结构示意图如图 8.25 所示。

小型制冷空调装置利用定量充注器充注制冷剂时，只需在制冷装置抽好真空后关闭三通阀，停止真空泵，将与真空泵相接的耐压胶管的接头拆下，装在定量充注器的出液阀上；或者可拆下与三通阀相接的耐压胶管的接头，将连接定量充注器的耐压胶管接到阀的接头上。打开出液阀将胶管中的空气排出，然后拧紧胶管的接头，检查是否泄漏。

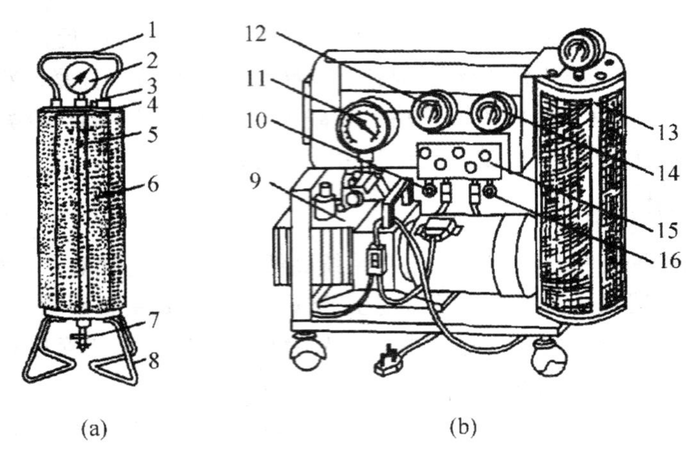

图 8.25　定量充注器和抽空充注机

(a) 定量充注器　(b) 抽空充注机

1—提手；2—压力表；3—放气阀；4—筒体；5—液量观察管；6—刻度转筒；7—出液阀；8—底架；9—真空泵；10—接口；11—真空表；12—低压表；13—定量加液筒；14—高压表；15—组合阀；16—接口

充注制冷剂时，首先观察充注器上压力表的读数，转动刻度套筒，在套筒上找到与压力表相对应的定量加液线，记下玻璃管内制冷剂的最初液面刻度。然后打开三通阀，制冷剂通过胶管进入制冷系统中，玻璃管内制冷剂液面开始下降。当达到规定的充灌量时，关闭充注器上的出液阀和三通阀，充注工作结束。

采用抽空充注机充注制冷剂时，只需在抽空结束后，关闭抽空充注机上的抽空截止阀，打开充液截止阀，即可向制冷系统充注制冷剂。

2. 称重充注法

称重充注法的工作原理示意如图 8.26 所示。

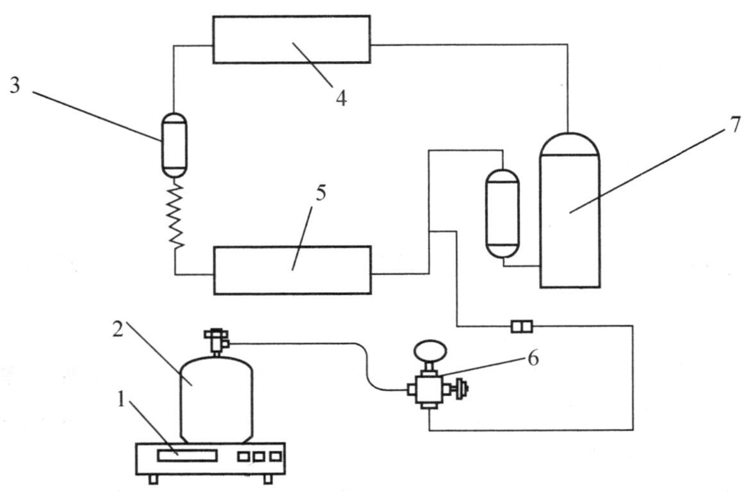

图 8.26　称量充注法

1—电子称；2—制冷剂钢瓶；3—干燥过滤器；4—冷凝器；5—蒸发器；6—三通阀；7—压缩机

将装有制冷剂的小钢瓶放在电子秤或小台秤上，将耐压胶管一端接在三通阀上，另一端接在钢瓶的出气阀上；打开出气阀将耐压胶管中的空气排出，拧紧接头以防止泄漏。然后，称出小钢瓶的质量。打开三通阀向制冷系统充加制冷剂。

在充注制冷剂的过程中，应注意观察电子秤的读数值变化，当达到相应的充灌量时，关闭三通阀和小钢瓶上的出气阀，充注工作结束。

3. 压力观察充注法

制冷系统的蒸发压力是由充灌量所决定，而蒸发压力与蒸发温度又相互对应，因此可通过观察制冷系统低压侧压力即蒸发压力的数值和蒸发器冷凝器的状况来判断制冷系统的充灌量是否合适。

现以空调器为例，介绍压力观察法的操作步骤，其工作示意图如图 8.27 所示。

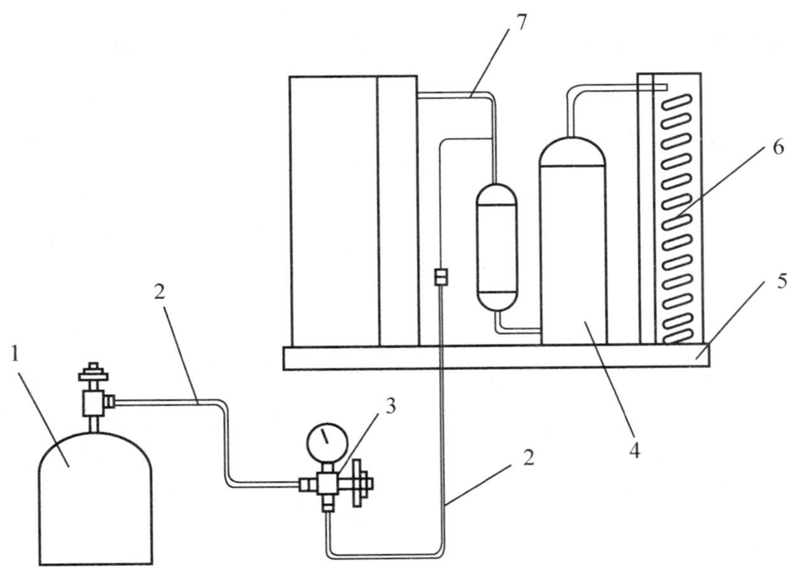

图 8.27　压力观察充注法示意图

1—制冷剂钢瓶；2—耐压胶管；3—三通阀；4—压缩机；5—底盘；6—冷凝器；7—回气管

目前，空调器所用的制冷剂为 R22，制冷系统的蒸发温度为 7.2℃，其对应的蒸发压力(绝对压力)为 0.64MPa。

通过耐压胶管将制冷剂钢瓶与三通阀相连，打开制冷剂钢瓶上的出气阀，排出胶管中的空气并将接头拧紧。打开三通阀，这时钢瓶中的制冷剂蒸气进入制冷系统，蒸发压力快速上升。当蒸发压力(表压)高于 0.7MPa 时，可关闭三通阀，停止充注，开启压缩机，此时低压表的读数开始下降。当低压表的读数低于 0.54MPa 时，可以打开三通阀向制冷系统充加制冷剂。

空调器的蒸发压力受环境温度变化的影响，在不同的季节，蒸发压力是不同的。在夏天，空调器的蒸发压力(表压)可控制在 0.54MPa 左右；在春、秋季节，环境温度较低，蒸发压力(表压)可控制在 0.5MPa 左右。

空调器制冷剂的充灌量是否合适还需观察蒸发器和冷凝器的状况而定。当制冷剂过多时，冷凝器大部分管道发烫，回气管道与压缩机气液分离器上凝露严重；当制冷剂过少时，蒸发器部分管道凝露，部分管道和部分翅片上无水析出。

小型制冷空调装置充注制冷剂是在制冷装置的低压侧进行。充注开始时，制冷系统处于真空状态，钢瓶中制冷剂的压力与制冷系统的压力之间的差值较大，充注的速度较快，但随着蒸发压力的升高，压差减小，充注的速度变缓。为了加快充注速度，可以开启压缩机，但应注意只能以气态形式充注制冷剂，绝不允许将制冷剂液体加入系统中，以防止压缩机出现液击现象。

8.5 分体式空调器室内机的排空操作

制冷循环中残留的含有水分的空气，将导致冷凝压力升高、运转电流增大、制冷效率下降或发生堵塞(冰堵)与腐蚀，引起压缩机汽缸拉毛、镀铜等故障，所以必须排除管内空气。

1. 使用空调器本身的制冷剂排空气

拧下高低压阀的后盖螺母、充氟嘴螺母，将高低压阀芯打开(旋 1/4～1/2 圈)，等待约 10s 后关闭。同时，从低压阀充氟嘴螺母处用内六角扳手将充氟针顶向上顶开，有空气排出。当手感有凉气冒出时停止排空。排氟量应小于 20g。

2. 使用真空泵排空气

先将阀门充氟嘴螺母拧下，用抽真空连接软管进行连接。将“LO”旋钮按逆时针方向旋转，使其打开，然后合上真空泵的开关，进行抽真空。停止抽真空后，还要将阀门后盖螺母拧下，用内六角扳手将阀芯按逆时针方向旋开到底，此时制冷系统的通路被打开。接着将连接软管从阀门上拆除下来，将阀门的连接螺母与后盖螺母拧紧。

3. 外加氟利昂排空气

使用独立的制冷剂罐，将制冷剂罐充注软管与低压阀充氟嘴连接，略微松开室外机高压阀上接管螺母。松开制冷剂罐的阀门，充入制冷剂 2～3s，然后关死。当制冷剂从高压阀门接管螺母处流出 10～15s 后，拧紧接管螺母。从充氟嘴处拆下充注软管，用内六角扳手顶推充氟阀芯顶针，制冷剂放出。当再也听不到噪声时，放松顶针，上紧充氟嘴螺母，打开室外机高压阀芯。

8.6 制冷系统的清洗、吹污及充注冷冻油

1. 制冷系统的清洗

在空调压缩机的电动机绝缘击穿、匝间短路或绕组烧毁以后，由于电动机烧毁后产生大量酸性氧化物而使制冷系统受到污染。因此，除了要更换压缩机、毛细管与干燥过滤器之外，还要对整个制冷系统进行彻底的清洗。

制冷系统的污染程度可分为：轻度与重度。轻度污染时制冷系统内冷冻油没有完全污染，从压缩机的工艺管放出制冷剂和冷冻油时，油的颜色是透明的。若用石蕊试纸试验，

油呈淡黄色(正常为白色)。重度污染是严重的，当打开压缩机的工艺管时，立即可闻到焦油味，从工艺管倒出冷冻油，颜色发黑，用石蕊试纸浸入油中，5min 后，纸的颜色变为红色。空调系统清洗用的清洗剂为 R113。清洗前先放出制冷系统管路内的制冷剂，拆卸压缩机，从工艺管中放出少量冷冻油检查其色、味，并看其有无杂质异物，以明确制冷系统污染的程度。

清洗过程如下：先将清洗剂 R113 注入液槽中，然后启动泵，使之运转，开始清洗。对于轻度的污染，只要循环 1h 左右即可。而严重污染的，则需要 3～4h。洗净后，清洗剂可以回收，但经处理后方可再用，在储液器中的清洗剂要从液管回收。若长时间清洗，清洗剂已脏，过滤器也会堵塞脏污，应更换清洗剂和过滤器以后再进行。清洗完毕，应对制冷管路进行氮气吹污和干燥处理。

槽、过滤器和泵在干燥处理时一定要与管路部分断开。并在液压管、吸液管的法兰盘上安装盲板，然后用真空泵对系统进行抽真空，在抽真空过程中，要同时给制冷管路外面吹送热风，以利于快速干燥。最后将制冷管路按原样装好，更换新的压缩机和过滤器。

注意事项：①为了避免清洗剂的泄漏，应采用耐压软管，接头部分一定要用胶带包扎紧密；②使用膨胀阀的机种，要去掉膨胀阀，以旁通管代替；③若制冷系统内进入水分，一定要将水分排净；④因压缩机烧毁而生成酸性物质时，必须注意用氮气吹净。

2. 排空气

制冷循环中残留的含有水分的空气，将导致冷凝压力升高、运转电流增大、制冷效率下降或发生堵塞(冰堵)与腐蚀，引起压缩机气缸拉毛、镀铜等故障，所以必须排除管内空气。

排除管内空气方法如下所述。

(1) 使用空调器本身的制冷剂排空气。拧下高低压阀的后盖螺母、充氟嘴螺母，将高低压阀芯打开(旋 1/4～1/2 圈)，等待约 10s 后关闭。同时，从低压阀充氟嘴螺母处用内六角扳手将充氟针顶向上顶开，有空气排出。当手感有凉气冒出时停止排空。排氟量应小于 20g。

(2) 使用真空泵排空气。先将阀门充氟嘴螺母拧下，用抽真空连接软管进行连接。将“LO”旋钮按逆时针方向旋转，使其打开，然后合上真空泵的开关，进行抽真空。停止抽真空后，还要将阀门后盖螺母拧下，用内六角扳手将阀芯按逆时针方向旋开到底，此时制冷系统的通路被打开。接着将连接软管从阀门上拆除下来，将阀门的连接螺母与后盖螺母拧紧。

(3) 外加氟利昂排空气。使用独立的制冷剂罐，将制冷剂罐充注软管与低压阀充氟嘴连接，略微松开室外机高压阀上接管螺母。松开制冷剂罐的阀门，充入制冷剂 2～3s 然后关死。当制冷剂从高压阀门接管螺母处流出 10～15s 后，拧紧接管螺母。从充氟嘴处拆下充注软管，用内六角扳手顶推充氟阀芯顶针，制冷剂放出。当再也听不到噪声时，放松顶针，上紧充氟嘴螺母，打开室外机高压阀芯。

3. 充注制冷剂。

对于全封闭式压缩机，充注氟利昂往往采用低压充入法。

(1) 充注前需将制冷剂从大钢瓶倒入小钢瓶中，其方法是：先将修理用的小钢瓶放入有冰块的容器中冷却降温，然后用一根橡胶软管将大、小钢瓶连接起来，但大钢瓶的阀门暂不开启。将大钢瓶阀门和小钢瓶的接头松开，用氟利昂气体将软管中的空气排出，然后关闭大钢瓶的阀门，旋紧小钢瓶的软管接头。开启大、小钢瓶的阀门，充注制冷剂，待充到 80%时，关闭大小钢瓶的阀门，去掉软管。

(2) 由钢瓶往制冷系统中充注制冷剂时可将钢瓶与修理阀相连接，也可用复合式压力表的中间接头充入。打开小钢瓶并倒置，将接管内的空气排出后，拧紧接头，充入制冷剂，表压不超过 0.15MPa 时关闭直通阀门。启动压缩机将制冷剂吸入，同时观察蒸发器的结霜情况，待蒸发器上已结满霜或结露时，即可停止充注。

制冷剂的充入量有以下几种方法。

(1) 测重量。在充注氟利昂时，事先准备一个小台秤，将制冷剂钢瓶放入一个容器中，再在容器中注入 40℃以下的温水(适用于空调器的低压充注制冷剂蒸汽)。充注前记下钢瓶、温水及容器的质量，在充注过程中注意观察指针。当钢瓶内制冷剂的减少量等于所需要的充注量时可停止充注。也可直接称量钢瓶不用加温水。

(2) 测压力。制冷剂饱和蒸汽的温度与压力呈一一对应关系，若已知制冷剂的蒸发温度即可查出相对应的蒸发压力。此压力的表压值由高、低压压力表显示出来。因此，根据安装在系统上压力表的压力值即可判断制冷剂的充注量是否宜适。如空调器的蒸发温度为 7.2℃，冷凝温度为 54.5℃。查 R22 的饱和温度与饱和压力对应表，以确定其蒸发压力值和冷凝压力值。查表可知：R22 在 7.2℃时相应绝对压力值为 0.53MPa(5.3kg/cm^2)和 54.5℃时的相应绝对压力值为 2.11MPa(21.1kg/cm^2)，将此压力换算为表压值即可。用高、低压压力表或复合式压力表测试充氟中的制冷系统，若高、低压压力表表压值符合上述范围即表明制冷剂的充注量合适；若高、低压压力均低则表明充入量不够；若高、低压压力均高，则表明充入量过多。压力测定法较为简便，在维修时经常使用，但是缺点是准确度不高。

(3) 测温度。用半导体测温仪，测量蒸发器的进出口、集液器的出口等各点的温度，以判断制冷剂充注量如何。在蒸发器的进口(毛细管前 150mm 处)与出口两点之间的温差约 7℃～8℃，集液器出口的温度应高于蒸发器的出口处 1℃～3℃。如果蒸发器进出口的温差大，表明制冷量充注不足，若吸气管结霜段过长或邻近压缩机处有结霜现象，则表明制冷剂充注过多。

(4) 测工作电流。用钳型电流表测工作电流，制冷时，环境温度 35℃，所测得的工作电流与铭牌上电流相对应。温度越高，电流相应增大，温度越低电流相应减少。在风机正常、两器散热好的情况下按空调器工况测电流值作比较。

本 章 小 结

(1) 介绍了制冷设备常用的钳工工具、管工工具和常用仪表。

(2) 认识了制冷设备焊接生产与维修中使用的焊条和焊剂，钎焊焊接工艺要求及焊接操作方法及注意事项。

(3) 制冷系统常用的抽真空方法有：低压侧抽真空、复式排空气法和高低压双侧抽真空。

(4) 制冷装置充注制冷剂可以采用定量充注法、称质量充注法和压力观察充注法。

(5) 介绍了分体式空调器室内机的排空操作，制冷系统的清洗、吹污及充注冷冻油的操作要领。

第 9 章

电冰箱故障检测与维修

引言

冰箱用久了之后，难免会出现一些小故障，如果了解一些冰箱故障的检修方法，则可以省去不少的麻烦。

那么冰箱常见故障检查方法的具体步骤和方法有哪些呢？在本章中从电冰箱的一般常见故障现象及检测方法到箱体、制冷系统、控制电路的故障现象及检测方法进行了基本的分析和介绍，用和中医的“望、闻、问、切”颇为相似的分析判断方法，为冰箱检测和排除故障。

9.1 电冰箱的常见故障现象及检测方法

1. 常见故障现象

(1) 漏：指制冷剂泄漏、电气(线路、机体)绝缘破损等引起的漏电等。

(2) 堵：指制冷系统脏堵与冰堵、冷凝器积尘等。

(3) 断：电气线路断线、熔断器熔断、由于过热或过流引起过载保护器触点断开、由于制冷系统压力不正常引起压力继电器触点断开。

(4) 烧：指压缩机电动机绕组、风扇电机绕组、电磁阀线圈、继电器线圈和触点等烧毁。

(5) 卡：指压缩机卡住、运动部件轴承卡住等。

(6) 破损：指压缩机阀片破损、活塞拉毛、风扇扇叶断裂以及各种部件破损等。

2. 常见故障检测方法

电冰箱的结构复杂，出现某种故障的原因可能多种多样。实践证明，正确运用“望、闻、问、切”的方法，能有效地分析判断出现故障的原因。

1) “望”

一是指用眼睛观察或用仪表测量电冰箱各部分的情况。

(1) 首先看蒸发器结霜的情况，在压缩机运转的情况下，如果出现蒸发器表面无霜、结不满霜或结霜不实等情况，都说明制冷系统工作不正常。

(2) 冰箱冷冻室结冰，说明由温控器温差过大、停机时间过长等因素造成的。直冷式双门冰箱的冷藏室蒸发器总是结满霜，而无结霜、化霜交替变化，说明温控器发生故障。

(3) 检查制冷系统中管路的各个焊接处及蒸发器表面，看是否有渗漏的痕迹，凡渗漏处都会有油渍。

(4) 查看压缩机回气管是否结霜，如结霜，则说明制冷剂冲入量过多，对于间冷式冰箱，如压缩机回气管结霜，还应考虑是否由于风扇不转而引起。遇到这种情况，可以打开箱门，按下门框按钮，查看风扇是否旋转。

(5) 查看箱门是否有缝隙。如果箱门有缝隙，则冰箱保温性能降低，导致压缩机开机时间长，停机时间短，而且冰箱结霜多。

二是用万用表检查电源电压的高低、电动机绕组电阻值是否正常；用兆欧表测量电冰箱的绝缘电阻是否在 2MΩ以上。若各项指标均正常，则可以通电试运行。

2) “闻”

是指用耳朵听电冰箱运行的声音。如电动机是否运转、压缩机工作时是否有噪声、蒸发器内是否有气流声、启动器与热保护继电器是否有异常响声等。若听不到蒸发器内的气流声，说明制冷系统有堵塞。

(1) 接通冰箱电源，如果听到启动器“吧嗒”一声，压缩机在 0.2s 至 0.5s 内启动，随后压缩机发出轻微而且有节奏的运转声，说明压缩机启动正常。如压缩机发出沉闷的“嗡嗡”声，而后连续听到“吧嗒”的启动器触点断开、吸合的声音，有时还带有压缩机的振动声，最后可以听到热保护器“叭”的一声响，随后切断压缩机电源。此故障可以考虑以下原因：①电源电压低，压缩机卡缸、抱缸轴；②电动机扫堂；③电动机绕组短路；④电动机启动绕组开路；⑤气路系统管路堵塞；⑥启动继电器故障等。使用排除法，确定故障原因。

(2) 压缩机运转时，机壳内有明显的喷气声，说明压缩机排气缓冲管断裂漏气。若压缩机机壳有破裂声，说明压缩机高、低压阀片破裂、漏气。压缩机刚停机时，听到机壳内有明显的跑气声音，说明压缩机阀板的高低压纸垫被击穿、排气减振管泄漏、阀片磨损或阀片、阀口处积碳。压缩机运转时，如果机壳发出“当当”的撞击声，说明压缩机内支撑弹簧断裂或疲劳变形。

(3) 高压液态制冷剂通过毛细管进入蒸发器，迅速蒸发沸腾，同时发出“嘶嘶”的气流声音，并时常伴流水的声音，属于正常现象。如果听到蒸发器内有“叽叽”声，或者有断断续续的憋气声，故障通常为脏堵、油堵或者冰堵。周期性较长的断续喷气声一般为冰堵。若蒸发器内只有气流声，而且不结霜，说明系统内制冷剂基本漏完。

(4) 冰箱有时发出断断续续的噪声，往往是由于冰箱支脚落地不稳，制冷系统管路相互碰撞以及压缩机与箱体底座螺丝松动等原因引起共振造成的。

3) “问”

“问”是指向用户仔细询问电冰箱的运输、使用环境及使用过程中的各种情况并详细记录，以备分析故障时参考。首先问明冰箱的使用情况、故障现象及使用年限，特别是旧机器，要了解机器的故障史及以前维修后的使用情况，对曾维修过制冷系统的机器，要多留意冰堵、脏堵、混入空气、冷冻油是否变质等故障。

4) “切”

“切”是指用手触摸冰箱各部分的温度。电冰箱正常运转时，制冷系统各个部件的温度不同，压缩机的温度最高，其次是冷凝器，蒸发器的温度最低。

(1) 摸压缩机运转时的温度，室温在 30℃以下时，若用手摸压缩机感到烫手，则属压缩机温度过高，应停机检查原因。

① 压缩机运转时，触摸冷凝器上部，应很热(大于 55℃)。如不热，可能是制冷系统漏气、堵塞或压缩机没有排气压力等故障。

② 正常时，触摸干燥过滤器应有热的感觉(约 55℃)。如制冷系统过脏，会造成干燥过滤器温度升高，对于刚刚维修过的冰箱，如果干燥过滤器温度过高，一般为毛细管阻流偏大、制冷剂充入量过大。

③ 压缩机正常工作时，触摸压缩机回气管，应没有热感(接近于环境温度)。如果温度高，说明系统少制冷剂、管路微堵或系统中混入空气。如果感觉到冷或者有露水甚至结霜时，说明制冷剂充入量过多。

④ 压缩机机壳的温度一般在 70℃以下。即使在夏季，冰箱首次开机时，压缩机经过连续长时间的工作，机壳温度也不超过 85℃。

⑤ 如果蒸发器上结的霜用手一摸就脱落(称为虚霜)，并且压缩机回气管结满霜，说明充入的制冷剂过多或新换的毛细管过粗、过短。

⑥ 用手触摸蒸发器表面，如果发现蒸发器结不满霜，说明系统制冷剂不足或毛细管半堵塞。

(2) 摸干燥过滤器表面的冷热程度，过滤器表面正常温度应与环境温度差不多，手摸有微温的感觉。若出现显著低于环境温度或结霜的现象，说明其中滤网的大部分网孔已被阻塞，使制冷剂流动不畅，而产生节流降温。

(3) 摸排气管的表面温度，排气管的温度很高，正常的工作状态时，夏季烫手，冬季也较热，否则说明不正常。

(4) 摸蒸发器的表面温度，摸蒸发器的表面，正常情况下，将沾有水的手指放在蒸发器表面，会有冰冷、粘连的感觉；若手感觉不到冷，则为不正常。

(5) 摸冷凝器的冷热程度，一台正常的电冰箱在连续工作时，冷凝器的温度为 55℃左右。其上部最热，中间稍热，下部接近室温。冷凝器的温度与环境温度有关。冬天气温低，冷凝器温度低一些，发热范围小一些；夏天气温高，冷凝器的温度也就高一些，发热范围大一些。

(6) 摸吸气管的表面温度，摸一下距压缩机 200mm 处的吸气管，正常情况下其温度应与环境温度差不多，感觉在稍凉或稍热的范围内。若比环境温度高出 5℃以上，或温度过低有冰凉感，或吸气管表面结露甚至结冰，均为不正常(但夏季环境湿度较大时也属正常)。

经“望、闻、问、切”之后，就可进一步分析故障所在部位及故障程度。由于制冷系统彼此互相连通又互相影响，因此要综合起来分析，一般需要找出两个或两个以上的故障现象，由表及里判断其故障的实际部位，以减少维修的麻烦。平时多看、多听、多摸，体会不同季节、不同环境下的不同感觉，当电冰箱出现故障时，就容易根据这四方面的感觉判断出电冰箱的故障。

5) 测试

通过测量冰箱的温度、压力、开机与停机比、运转电流以及压缩机的绝缘电阻和直流电阻等，对冰箱进行检查。主要测试以下几项内容。

(1) 测温度。

(2) 测压力。

查压焓图，吸气(0.04MPa)、排气(1.39MPa)、压力(工况参考 R12)。若吸气压力过高，通常由制冷剂充入过多、新换毛细管过短、压缩机性能降低的原因引起；若出现吸气压力为负压，通常是由制冷剂不足、系统内有堵塞现象、新换毛细管太细、太长等原因引起的。

特别提示

制冷剂的压焓图，是制冷工程中最常用的热力图。该图纵坐标是绝对压力的对数值 lg$p$(表示的数值是压力的绝对值)，横坐标是比焓值 h。

(3) 测量冰箱的开机与停机之比。冰箱的开机与停机之比与它的制冷系统、保温性能、温控器性能、调节位置、环境温度、电路系统、冰箱内食品的多少以及开门次数等有着直接的关系。

(4) 测量工作电流。如果工作电流大于额定电流，说明制冷剂充入量过多，制冷系统微堵、压缩机局部短路。如果工作电流小于额定电流，说明制冷系统有泄漏或系统完全堵塞。

(5）测量绝缘电阻和直流电阻。对于匝间短路不严重或匝间绝缘不良的电机绕组，用电阻测量方法很难分辨电机故障，因此只能采用测量工作电流的方法来判断。

9.2　电冰箱箱体故障分析与检修

1. 电冰箱门封条破裂

电冰箱门封条破裂或老化，经修理不能正常使用，即应更换。更换封条方法如下所述。

取略比原门封条长 10mm 的门封条和比原门封磁条短 5mm 的门封磁条各一根。将门封条和门封磁条两端切成 45°角(注意被切的门封条应比原门封条长 5mm 左右)。把门封磁条塞入门封条的长方形孔内，有磁性的一面应与箱体接触面相对。用加热的薄铜板(温度约 200℃)熔切下破裂门封，并将新门封以 45°角对齐左右门封，经薄铜板加热 3～5s 后，迅速平移合拢至冷却，再松手。经熔接后的门封，需用剪刀仔细修毛边，门封条焊接角底部要修剪成小圆形，以利装复。

采用这种熔接方法虽然难度比较大，但在无专用熔接夹具时，不失是一种行之有效的方法。

2. 电冰箱门封条老化或弹性降低

电冰箱门封条是为了使箱门关闭后与箱口密封，减少箱外热量漏入箱内。当电冰箱使用时间较长，油腻等脏物侵入。久而久之，会使门封条的气室萎瘪、表面变硬，用手指压曲后久久不能恢复原状，导致门封条与箱体接触部位出现缝隙，关门不严，对此可用橡胶管加以修复。

先用小刀或剪刀在门封条气室的内侧两顶端各开一个切口，再取一段比门封条略长的橡胶管，其外径与门封条气室原自由状态的高度相仿，将一头扎上铁丝(以便穿塞)、表面涂抹滑石粉的橡胶管塞入门封气室中，拆去铁丝后，将橡胶管合拢，修剪掉多余部分，即可增加或恢复门封条整体弹性。

如采用穿塞橡胶管方法仍无法恢复其弹性，就只有更换门封条了。

3. 电冰箱门封条与箱体接触不严密

电冰箱门封条与箱体关闭不严密，是冰箱常见故障之一。究其原因，除装配质量或使用不当、碰撞挤压外，更多的是门封清洁维护不及时或环境温差变化，引起门封条老化、弹性降低、恢复不均匀所致。针对这一故障，一般采用加热法、垫高法和调整法等。

(1) 加热法。电冰箱门封条左右侧或上中下部有缝隙而造成关闭不严密的，可用电吹风对该部位及其附近的一段门封条进行供吹加热(加热的温度一般控制在 60℃左右，同时用手不断地轻拉抚摸，使其均匀地恢复原来状态。

(2) 垫高法。如果电冰箱门封条缝隙较长，通过加热法不能解决，可松开固定门封条螺钉，在门封条下面垫一块宽约 10mm、厚约 5mm、长度相当于缝隙长度的海绵或橡皮等有弹性的物体，使其垫高部位与正常部位的门封条取齐，以利于与箱体吸合。

(3) 调整法。对于电冰箱左上或右下角的门封不严(有缝隙)，用活络扳手把箱门下端右边或左边的调整螺钉向顺时针方向适当调整，直至缝隙消除为止。电冰箱背后的回气管结霜怎么办？

电冰箱背后从蒸发器出来与制冷压缩机相连的铜管称回气管，又称低压吸气管。毛细管从它的内部穿过或粘焊在它的表面，组成气液热交换装置。气液热交换装置的作用是使毛细管内的液态制冷剂进一步冷却，从而提高电冰箱的制冷量。

特别提示

冰箱门封条是用在冰箱门体和箱体之间用来密封的一种冰箱配件。它由两部分组成，一部分是软质聚氯乙烯(SPVC)外套，另一部分是磁性胶条。

9.3　电冰箱制冷系统故障分析与检修

冰箱因制冷系统泄漏或制冷系统堵塞，而造成压缩机不停机、不制冷或制冷效果差的现象，是电冰箱多发性故障之一。且两种故障现象大致相同，容易混淆，在维修过程中，若不能准确判断，不仅耽误检修时间，还会给用户造成不必要的经济损失。

1. 制冷系统堵塞

制冷系统堵塞一般有脏堵和冰堵两种，油堵比较少见。脏堵是由于制冷系统中有杂质(氧化皮、铜屑、焊渣)，当它随制冷剂循环时，在毛细管或过滤器处发生堵塞。冰堵是制冷系统进入水分所致。因制冷剂本身含有一定的水分，加之维修或加氟过程中抽空工艺要求不严，使水分、空气进入系统内。在压缩机的高温高压作用下，制冷剂由液态变为气态，这样水分便随制冷剂循环进入又窄又长的毛细管。当每千克制冷剂含水量超过 20mg 时，过滤器水分饱和，不能将水分滤掉，当毛细管出口处温度达到 0℃时，其水分从制冷剂中分解出来，结成冰，形成冰堵。脏堵和冰堵又分为全堵和半堵，其故障现象为蒸发器不结霜或结霜不满，冷凝器后部温度偏高，用手摸干燥过滤器或毛细管入口处，感到温度和室温几乎相等，有时甚至低于室温，切开工艺管有大量气体喷出。冰堵形成后，压缩机排气阻力增大，导致压缩机过热，热保护器工作，压缩机停止运转，大约 25min 后冰堵部分溶化，压缩机温度降低，温控器及热保护器触点闭合，压缩机启动制冷。所以，冰堵具有周期性，蒸发器可见到周期性结霜、化霜现象。

冰堵排除方法：发生轻微冰堵时，可用热毛巾热敷毛细管出口处或用酒精棉花球点燃烘烤，能消除冰堵，制冷剂开始流动，且有“嘶嘶”流动声。如果冰堵经常发生，应拆开制冷系统，将零部件进行干燥抽空，重新充灌制冷剂。注意不宜向制冷系统加灌甲醇，解决冰堵的根本措施还是彻底抽空干燥和灌注合格的制冷剂。

当制冷系统清洗不彻底或冰箱使用一段时间，压缩机发生磨损，制冷系统内有污物时，这些污物极易在毛细管或过滤器内发生堵塞，称为脏堵。脏堵发生后，制冷剂无法流动，现象与冰堵差不多。若用加热融冰的办法处理无效，听不到液体流动声即说明是脏堵。

脏堵与制冷剂泄漏呈现的故障很类似(蒸发器化霜)，两者的区别方法是，将电源插头拔下，将压缩机的灌气管顶端用钳子剪断一点，仔细观察，若有制冷剂流出为脏堵，相反即为制冷剂发生泄漏。

脏堵排除方法：用气焊拆下毛细管、过滤器、冷凝器、蒸发器，更换毛细管和过滤器中的分子筛，清洗冷凝器和蒸发器，进行干燥、抽真空，再焊好，充上制冷剂。

特别提示

制冷系统堵塞是冰箱最常见故障之一，使冰箱不制冷或者制冷效果变差，主要是由于系统中有水分、冷冻油过脏而形成的积炭、焊接不良使管内壁产生氧化皮脱落、压缩机长年运转机构磨损产生杂质、制冷系统在组装焊接之前未清洗干净、溶于 R12 中的冷冻油随制冷剂循环至毛细管结蜡等原因造成。

2. 制冷系统泄漏

制冷系统泄漏多发生于压缩机、冷凝器、毛细管、过滤器等处的焊接接头；大部分电冰箱的蒸发器采用铝质材料，由于材料质量低劣、生产工艺差、使用时间长、使用和搬运中造成震动或碰撞等原因，而引起泄漏。制冷系统泄漏，表现于蒸发器半边结露，系统内气流声微弱，切开工艺管有少量制冷剂放出。由于漏点小且很隐蔽，特别是内漏根本无法发现，经长时间缓慢泄漏，直至将系统内制冷剂全部漏掉，电冰箱也就由制冷效果差，逐渐变为不制冷。所以，在检查此类故障时仅凭压缩机不停机、不制冷和制冷效果差来判断是制冷系统堵塞还是制冷系统泄漏，其理由是很不够的。应根据具体现象认真分析，加以鉴别。

根据漏孔尺寸的大小，泄漏有三种表现形式：一是大漏孔现象；二是小漏孔现象；三是微小性漏孔现象。制冷系统的检漏方法：遵循由简单到复杂的检修原则进行。冰箱维修检漏的具体步骤如下所述。

(1) 割开压缩机修理管，焊接带有真空压力表的修理阀，然后将阀关闭。

(2) 将氮气瓶的高压输气管与修理阀的进气口虚接(连接螺母松接)。

(3) 打开氮气瓶阀门，调整减压阀手柄，待听到氮气输气管与修理阀进气口虚接处有氮气排出的声音时，迅速拧紧虚接螺母。这一步骤是将氮气输气管内的空气排出。

(4) 打开修理阀，使氮气充入系统内，然后，调整减压阀。当压力达到 0.8MPa 时，关闭氮气瓶和修理阀门。

(5) 用肥皂水对露在外面的制冷系统上所有的焊口和管路进行检漏。同时也要对压缩机焊缝进行检漏，并观察修理阀压力表的变化。

(6) 如上述检查完成后无漏孔出现，则可对系统进行 24h 保压试漏。保压后，压力表无下降变化，则说明系统没有泄漏点；如果压力有下降，则说明系统有漏点。

特别提示

制冷系统堵塞和制冷系统泄漏故障现象非常相似，电冰箱由制冷效果差，到逐渐变为不制冷。所以，在检查此类故障时仅凭压缩机不停机、不制冷和制冷效果差来判断是制冷系统堵塞还是制冷系统泄漏，其理由是很不够的。应根据具体现象认真分析，加以鉴别。

9.4　电冰箱控制电路故障分析与检修

1. 电冰箱控制电路故障的基本判断步骤

电冰箱电气系统常见故障有：不启动或不停机、运行时间过长或过短、电气部件工作不正常等。不管什么原因，应从以下几方面入手检查分析。

(1) 未通电前认真察看其外观及内壳有无明显的损坏、各零部件有无松动及脱落现象，仔细观察制冷系统的管道是否破裂、焊口处是否漏油。

(2) 通电后认真观察电冰箱的压缩机是否正常启动、运转，仔细听压缩机启动的声音，正常情况下，压缩机在启动 1～3s 内运转正常，无异常声音，如果出现下列现象之一，则说明压缩机有故障。

① 通电后压缩机内部出现“咯咯咯”的响声，说明压缩机内吊簧断裂，机芯与机壳碰撞，这时压缩机振动强烈，必须开壳修理。

② 通电后压缩机在启动或运转中听到“嘶嘶……”的响声，说明压缩机内部高压输出缓冲管断裂，排出高压气体发出声音，必须开壳修理。

③ 通电后压缩机发出“嗡嗡……”的响声，同时听到“嗒嗒嗒”的启动接点跳合声，说明压缩机过负荷，在排除供电系统电压过低造成启动接点不能吸合，启动电流急剧增大的原因后，应检查启动继电器的接点是否过脏，触头是否烧蚀严重。采用人工启动电机，以确定是否是压缩机发生故障，否则，可能是启动继电器损坏。

(3) 通电后手摸压缩机的温升，正常情况下，压缩机开始运转时温度不应很高，随着运转时间的增长，温度将逐渐升高，如果冰箱启动时间不长，而压缩机外壳温度很高，则说明压缩机或其他机械部分发生故障。

(4) 通电 10～20min 后，用手触摸蒸发器的冷冻室，应有黏手感觉，若出现下列现象则可判定故障原因。

① 若冰箱运转 10～20min 后，蒸发器无霜，冷凝器也不温热，说明制冷系统产生冻堵。

② 若冰箱正常运转，而用手摸过滤器感到过热或过凉。进口泵如果过滤器过热说明系统中充灌的制冷剂太多，反之，说明系统内部将产生脏堵。

③ 若蒸发器内没有霜，但手摸很凉，说明温控器的温差性能不良，或制冷剂充灌的太多所致。温控器的温差性能不良可通过调节温差螺丝改变。制冷剂充灌太多可到维修部排放一部分即可。

(5) 压缩机不启动，则应该从以下几方面考虑。首先，检查供电电压是否正常，熔丝是否熔断，冰箱插头接触是否良好；其次，查看冰箱的温控器是否在停止或化霜位置，温控器是否失控，启动继电器是否损坏，接线头是否松动；第三，检查测量电机三点接线柱的阻值及电源插头间的阻值是否正常，从而判断压缩机是否发生故障。

特别提示

控制电路有故障的冰箱在送电查看故障时，一定要反复检查，确认送电后不会导致电路故障扩大，必要时要采取相应的安全措施。

2. 电冰箱与控制电路有关的故障现象及排除方法

(1) 故障现象：通电后电机不启动且无嗡嗡声。

① 故障原因：保险熔断。排除方法：按要求更换保险丝。

② 故障原因：接线松脱，插头接触不良。排除方法：检查线路，接好松脱处，插好插头。

③ 故障原因：电机绕组短路、断路或转子卡死。排除方法：检修或重绕。

④ 故障原因：启动继电器绕组烧断。排除方法：更换电机。

⑤ 故障原因：温控器开关未闭合，旋钮处于“0”(或“停”)位置。排除方法：调整温控器开关，使其闭合。

⑥ 故障原因：过载继电器的接触未闭合或热电阻丝烧断。排除方法：检查并调整使触点闭合，更换电阻丝。

(2) 故障现象：通电后电机不启动但有嗡嗡声。

① 故障原因：电源电压过低(低于 187V)。排除方法：拔下电源插头，等电压正常后再插上或加装稳压器。

② 故障原因：启动继电器未闭合或接触不良。排除方法：修理或更换。

③ 故障原因：电机启动绕组断路。排除方法：重绕启动绕组。

④ 故障原因：启动电容器断路、短路或失效。排除方法：更换或检修。

(3) 故障现象：完全不制冷。

① 故障原因：电源插头松动或脱落。排除方法：重新插好电源插头。

② 故障原因：电源保险丝熔断。排除方法：按要求更换保险丝。

③ 故障原因：电源电压过低。排除方法：拔下电源插头，待电压正常后再插上或加装稳压器。

④ 故障原因：温度控制钮在“0”(或“停”)的位置。排除方法：调整温控器旋钮，使其处于某一适当位置，开关触点闭合。

⑤ 故障原因：过载保护断电器断路或启动继电器触点接触不良。排除方法：修理或更换。

⑥ 故障原因：压缩机卡死或电动机故障。排除方法：修理或更换。

(4) 故障现象：冷藏室温度偏高。

① 故障原因：箱内照明灯不熄灭。排除方法：检修照明灯开关。

② 故障原因：冷藏室温控风门温控器失控，使风门开不大或风扇不转。排除方法：修理或更换。

(5) 故障现象：冷藏室温度过低而使上层食品被冻结。

① 故障原因：室温偏低而温控器调得不合理(数字太大或调到强冷点、不停点)。排除方法：重调温控器旋钮至数字较小的位置。

② 故障原因：温控器触点粘连不停车或感温管失控。排除方法：修理或更换。

③ 故障原因：温度补偿加热器损坏。排除方法：更换温度补偿加热器。

(6) 故障现象：冷冻室温度偏高。

① 故障原因：室温偏高而温控器旋钮调得不合理(数字过小)。排除方法：重调温控器旋钮至数字较大位置。

② 故障原因：压缩机制冷效率下降。排除方法：拆修压缩机。

③ 故障原因：冷风循环风扇不转或运转不正常。排除方法：修理或更换。

(7) 故障现象：压缩机长时间运转不能自动停机。

① 故障原因：温控器误调到不停点。排除方法：按需要重调温控器。

② 故障原因：温控器触点粘连或感温管松动失控。排除方法：断电后将温控器旋至“停”

点再旋回原定点通电。若仍不正常，则更换。

(8) 故障现象：压缩机运转时间过长而停机时间过短。

故障原因：温控器旋钮误调在强冷挡，达到最低温度需要压缩机长期运转。排除方法：重调温控器旋钮。

(9) 故障现象：电冰箱内温度正常但压缩机启动频繁。

① 故障原因：感温管与蒸发器接触不良，未靠近蒸发器，使感温失真。排除方法：重调感温管位置。

② 故障原因：启动触点接触不良，时断时通。排除方法：调整触点连接铜片，使其接触可靠。

③ 故障原因：温控器旋钮位置不当。排除方法：重调温控器至合适位置。

④ 故障原因：过载安全保护继电器接点与电热丝位置过近。排除方法：重新调整过载螺钉，使两者相距适当。

(10) 故障现象：电冰箱能制冷但箱内照明灯不亮。

① 故障原因：灯泡损坏。排除方法：更换相同规格的灯泡。

② 故障原因：照明灯泡与灯座接触不良。排除方法：将灯泡拧紧。

③ 故障原因：照明灯电路断线。排除方法：查出断线处并修复。

④ 故障原因：门灯开关接触不良。排除方法：拆开灯开关，重新调整弹簧压力。

(11) 故障现象：照明灯不亮且压缩机不工作。

① 故障原因：保险丝熔断。排除方法：查出原因，更换同规格新保险丝。

② 故障原因：电源插头与插座连线断路。排除方法：查出断线处，修复或更换。

③ 故障原因：电源插头接触不良。排除方法：调整接触或更换。

④ 故障原因：停电。排除方法：拔下电源插头，待来电时再工作。

(12) 故障现象：门将关上时照明灯不熄灭。

① 故障原因：门灯开头失灵。排除方法：修复或更换。

② 故障原因：开关位置不对，关门时未能压下按钮，以切断照明灯电路。排除方法：调整门灯开头位置(包括温控器位置)，使开头正常工作。

(13) 故障现象：冷冻室封条被冻住。

故障原因：设有门封电热丝的电冰箱，门封电热丝失效。排除方法：拉开门后，更换门封电热丝。

(14) 故障现象：电动机运转中过热。

① 故障原因：电压过低(低于 187V)，使工作电流增大而电机过热。排除方法：待电压正常时再工作，或采用稳压器。

② 故障原因：启动电容器损坏，使电动机难启动或转速慢，启动电流剧增而引起电机过热。排除方法：更换新电容器。

③ 故障原因：电动机轴承损坏或部分绕组短路。排除方法：更换轴承，拆修或重绕电机绕组。

特别提示

冰箱电路有故障在检修时要遵循以下原则：送电要谨慎，切实判明故障原因，不能让故障二次扩大；送电前要反复检查采取必要保护措施；要做好紧急断电准备。

9.5　电冰箱常见故障分析与处理实例

1. 例一、沈努西三门冰箱不工作分析与检修

首先检查压缩机和温控器，发现压缩机热保护器损坏，侧脸股压缩机的绕组的直流电阻，分别是 6Ω、24Ω、30Ω，分析压缩机得主绕组损坏，原压缩机是 125W 的，插下压缩机发觉没有制冷剂喷出，询问用户得知，一开始制冷效果差，后来就不制冷，就没有人管，过了几天就不工作了；根据提供的情况分析是由于没有制冷剂引起的压缩机工作时间过长，没有制冷剂循环来帮助压缩机散热，导致压缩机损坏，必须对系统打压检漏，为了快速判断出泄漏的地方，采用了分段打压的方法。将干燥过滤器和毛细管处断开，并把两个接头焊封，再将压缩机吸气管断开，分别焊接上工艺管，工艺管的另一端接有三通修理阀，安装高压压力表(2.0MPa)然后向低压部分充入氮气压力至 0.8MPa，高压端加压力至 1.6MPa，保压 24h，发现高压端的压力没有变化，低压端压力下降到 0.3MPa，说明低压端泄漏，经仔细观察，发现冷冻室蒸发器下部有油迹，仔细检查发现有一块漆皮爆裂，除掉漆皮，发现有一个小小的腐蚀造成的小孔，故对此小孔决定采取粘补的方法，具体方法是：除掉爆裂的漆皮，用抹布擦干净，用水砂纸，打磨干净外表，然后涂上 JC-311 黏合剂，外补贴一层用干燥过滤器包装袋剪下的一小块合适大小的小片，24h 后黏合剂完全固化后，恢复管路，更换压缩机，确保一次性修好，再次整个系统打压至 0.8MPa，保压 12h 压力没有变化，为了防止冰堵，更换干燥过滤器后进行抽真空处理，充入试机一切正常，故障排除。

2. 例二、一台华意 BCD-185 型冰箱，压缩机运转不停，冷冻室、冷藏室均不制冷

故障分析检查：手摸冰箱后面的冷凝器不热，压缩机吸排气也没有温度，压缩机也不热，切开压缩机工艺管没有气体溢出，判断系统内部的制冷剂泄漏光了。采用打压的方法对系统整体打压，发现压力表停留在 0.2MPa 处表针颤抖，压力不再增加，检查外观没有发现泄漏，耳朵贴在箱体上听到有“嗤嗤”的声音，根据声音的位置判断在冰箱的下边，仔细检查发现下门底部的外壳烂掉了，气流是从这里出来的，判断防露管腐蚀漏气，采用切除防露管的方法，为了保证冷凝器的散热效果，用直径 6mm 的铜管，接到原来的防露管处，再打压检漏，保压 12h 压力时 0.8MPa 不泄漏，然后放掉气，真空处理，充入制冷剂，开机试验一切正常，故障排除。

3. 例三、一台新飞 220 立升的双门双温双控冰箱，压缩机运转不停，但制冷效果差

故障分析与检修：此机是双温双控的冰箱，先关闭冷冻室的温控器，观察冷藏室的制冷效果，15min 以后保鲜室的后板上结了很多的霜，证明冷藏室工作正常。再打开冷冻室的温控器，关闭冷藏室的温控器，15min 以后冷冻室的蒸发器上只有少量的霜，大约有 40cm 的蒸发器管上挂霜，其他的地方只有露水，证明冷冻室工作不正常，怀疑内部堵塞，从多方面考虑电磁阀与毛细管的连接处阻塞或者是干燥过滤器导电磁阀之间堵塞或者电磁阀工作不正常，先断开电磁阀与干燥过滤器的连接，开启压缩机观察气流状态有些减小，有可能是干燥过滤器阻塞，于是更换干燥过滤器再试验气流不错，再焊开毛细管与电磁阀之间的连接打压发现有脏东西吹出，证明了在原来的修理工在维修当中由于焊接的问题引起过

多的脏物进入系统内，于是加压吹出脏东西观察气流(从毛细管吹出的、电磁阀吹出的)都正常，也没有杂质后，在连接好管路，抽真空，加氟一切正常，故障排除。

4. 例四、扬子冰箱 BCD230 型，维修后出现间断制冷

此冰箱维修后出现间断制冷，故障现象：一开机工作个状态正常，10～30min 后压缩机声音增大，冷冻室原来结的冰慢慢地化掉，判断为冰堵，为了证实，再开机后听到压缩机声音增大时，拔掉冰箱电源仔细听冰箱内有没有气流声，一开始没有，打开冷冻室门，等待有 10min 左右以后听到冷冻室后部有气流声，再开压缩机一段时间又有症状出现，证实了是由冰堵引起的工作不正常。

切开压缩机的工艺管放出制冷剂，用 100W 的白炽灯泡放到冰箱的冷冻室内加温，将原来的干燥过滤器换掉，在压缩机工管艺口接上维修阀，加热约 2h 后开启真空泵，对系统抽空处理，抽空时间在 1h 以后，取出加热灯泡，关掉真空泵，加 100g 制冷剂，开机 30min 左右没有发现冰堵现象，为了安全起见，再次对系统抽真空，同时还要加热冷冻室，同时对干燥过滤器加温在 100℃左右，约 1h 后再加氟开机试验，一切正常。

本 章 小 结

(1) 电冰箱的常见故障现象有漏、堵、断、烧、卡、破损等，在为冰箱故障检查时，采用和中医的“望、闻、问、切”颇为相似的方法，实质上就是一看、二听、三摸、四检测。

(2) 电冰箱箱体故障主要是冰箱门密封方面的问题，针对门封条破裂或老化、关闭不严密的问题，采用更换、维修密封条等方法加以解决。

(3) 电冰箱的制冷系统泄漏或制冷系统堵塞，是电冰箱多发性故障之一，维修过程中，要能准确判断，采用正确的维修方法。

(4) 电冰箱电气系统常见故障应通过以下几方面加以检查解决：①未通电前认真察看其外观及内壳有无明显的损坏，各零部件有无松动及脱落现象，仔细观察制冷系统的管道是否破裂，焊口处是否漏油；②通电后认真观察电冰箱的压缩机是否正常启动、运转；③通电后手摸压缩机的温升是否正常；④通电 10～20min 后，用手触摸蒸发器的冷冻室，应有粘手感觉；⑤压缩机不启动，则应该从供电电压是否正常、熔丝是否熔断、冰箱插头接触是否良好、冰箱的温控器是否正常、启动继电器是否损坏、接线头是否松动、压缩机是否发生故障等方面检测。

第10章

空调器的常见故障分析与处理

引言

空调器企业在制造过程中、空调器用户在使用过程中，因为制造工艺，员工的操作熟练程度等原因，以及工作环境等种种因素可能会出现各种各样的故障，使空调器不能正常运行。

空调器的维修包括常见故障的分析与排除、制冷系统的故障分析与维修、空气循环系统的故障分析与维修、空气循环系统的故障分析与维修。空调器机电结构复杂，维修时应该根据故障现象，综合分析判断，借助维修仪器仪表，逐一排除，最后确定故障点进行排除，使空调器恢复正常工作。

10.1 空调器的常见故障与判断方法

空调器由制冷系统和电气系统以及空气循环系统等组成，它的运行状态又与工作环境和工作条件有密切的关系，所以对空调器的故障分析需要从各方面综合考虑。空调器故障分析的原则一般是先简单，后复杂；先外部，后内部；先电气系统，后制冷系统的顺序来考虑，空调器维修示例如图 10.1 所示。

图 10.1 空调器故障修理

空调器故障原因可分为两大类：一类为空调器机外原因或人为故障(特别是电源故障)，另一类则为空调器机内故障。在分析处理空调器故障时，首先应该排除机外原因。排除机外因素后，又可将机内故障分为制冷系统故障和电气系统故障两类，一般应先排除电气系统故障。对于电气系统故障，又可从两个方面来查找：一是开关电源是否送电，二是电动机绕组是否正常，逐步缩小故障范围，直至找出故障原因。上述分析故障的思路简单的说就是先确定故障部位，然后分析故障原因，最后确定故障排除措施。

10.1.1 空调器故障的初步检查方法

制冷系统运行时，初步检查通常采用问、摸、看、听、查的办法，这些办法通常简单有效。

1. 询问空调器的用户

通过与用户交流来了解故障空调器在使用过程中的故障现象；了解用户的操作方法；了解空调器的使用年限、使用频率、使用习惯等信息，据此初步判断到底是空调器本身的原因还是使用方法的原因。

2. 摸空调器各部位的温度

空调器压缩机正常运行 20～30min 后，摸一摸吸气管、排气管、压缩机、蒸发器出风口、冷凝器等部位的温度，凭手感便可判断制冷效果的好坏。

(1) 摸压缩机表面温度，压缩机的表面温度一般在 90℃～100℃。

(2) 摸蒸发器的表面温度。工作正常的空调器蒸发器各处的温度应该是相同的，其表面是发凉的，一般在 15℃左右，裸露在外的铜管弯头处有凝露水。

(3) 摸冷凝器的表面温度。空调器开机运转后，冷凝器很快就会热起来，热得越快说明制冷越快，在正常使用情况下，冷凝器的温度可达 80℃左右，冷凝管壁温度一般在 45℃～55℃。

(4) 摸低压回气管表面温度。正常时，吸气管冷，排气管热。手摸应感到凉，如果环境温度较低，低压回气管表面还会有凝露水，如果回气管不结露，而高压排气管比较烫，压缩机外壳也很热，很可能是制冷剂不足，如果压缩机的回气管上全部结露，并结到压缩机外壳的一半或全部，说明制冷剂过多。

(5) 摸高压排气管温度。手摸应感到比较热，夏天时还烫手。

(6) 摸干燥过滤器表面温度。在正常情况下，手摸干燥过滤器表面感觉略比环境温度高。如果有凉的感觉或凝露，说明干燥过滤器有微堵现象。

(7) 摸出风口温度。手应感觉出风有些凉意，手停留的时间长就感到有些冷。

3. 看空调器各部位的外观

(1) 看空调器外形是否完好，各个部件的表面是否完好，有无磕碰等损坏痕迹。

(2) 看制冷系统各管路有无断裂，各焊接处是否有油迹出现，焊点有油迹则可能有渗漏。

(3) 看一下电器元件的插片有无松脱现象，各连接铜管位置是否正确，有无铜管碰壳体。

(4) 看一下离心风叶和轴流风叶的跳动是否过大，电动机和压缩机有无明显振动。

(5) 看高压、低压压力值是否正常，环境温度在 30° 时，低压为 0.49～0.54MPa，高压为 1.17～1.37MPa，环境温度在 35° 时，低压为 0.58～0.62MPa，高压约为 1.93MPa，环境温度在 43℃时，低压约为 0.68MPa，高压约为 2.31MPa。

(6) 看毛细管低压部分的结霜情况。正常制冷时，在压缩机运行之初，毛细管会结上薄薄的一层霜，随后就逐渐化掉，但制冷剂不足或管路堵塞都会发生挂霜不化的现象。(值得注意的是，室外热交换器在冬季按热泵循环方式工作时，它属低压、低温部件，也可能发生制冷剂泄漏或堵塞。如果毛细管出口至室外热交换器入口这一管段上有霜而其他部分干燥，表明毛细管已半堵。从表面看，制冷剂不足和半堵塞的现象是一致的。)

(7) 空调器运转时，一般应先看一看空调器的外部工作条件，例如室内、外环境温度是否过高或过低，过滤网是否太脏或有无通风不良等现象，以便排除外部原因及安装使用不当等因素。

4. 听空调器各关键部件的运行声音

(1) 仔细倾听整机运转的声音是否正常，如压缩机在运转时，有“嗡嗡”声可立即判明是压缩机电动机不能正常启动的声音，此时应立即关掉电源，查找原因；“嘶嘶”声是压缩机内高压减振管断裂后发生的高压气流声；“嗒嗒”声是压缩机内部金属的碰撞声；“当当”声是压缩机内吊簧脱落或断裂后的撞击声。

(2) 对开启式压缩机，一般会发出轻微而均匀的“嚓嚓”或阀片轻微的“嘀嘀”的敲击声；如出现“通通”声是压缩机液击声，即有大量的制冷剂吸入压缩机飞轮键槽配合松动的撞击声；“啪啪”声是皮带损坏后的拍击声。听离心风扇和轴流风扇的运转声应是平衡而均匀，如有碰擦或轴心不正，就会有异常声音出现。停机时，当听到“咝咝”这种越来越轻的气流声时(系统压力平衡时发出)，则可知系统基本没有堵塞。

(3) 凭听觉还可判断出其他一些噪声，例如：分机轴流风扇碰击外壳铁片的声音；风机缺油的“吱吱”尖叫声；风机离心风扇与泡沫外壳发出的“嚓嚓”声；压缩机底角螺栓松动、振动的声音；毛细管碰外壳的声音。

5. 查看空调器的关键参数

一般可用压力表、半导体点温计、钳形电流表、万用表等仪表测量系统压力、温度、电源电压、绝缘电阻、运转电流是否符合要求，用卤素检漏灯或电子检漏仪检查制冷剂有无泄漏。

(1) 对于分体式空调器，用气管压力表检测高、低压力也是一种实用、快速、有效的判断方法。

(2) 当周围环境温度在 30℃左右(空调制冷状况下)，若低压表的压力(表压)在 0.4MPa 以下，则表明制冷剂不足或有泄漏。高压表的压力(表压)正常值应在 2MPa 左右，过高或过低都说明有异常。冷凝器的出口处若发生堵塞可使高压压力升高，而低压压力降低。

(3) 检查和观察的常规项目如下：①低压压力；②高压压力；③停机时平衡压力；④吸气管温度；⑤排气管温度；⑥压缩机温度；⑦冷凝器；⑧蒸发器；⑨过滤器；⑩毛细管；⑪工作电流。

10.1.2 非空调器本身故障原因分析

1. 空调器供电电源问题

(1) 空调器供电电源电压不能太低。一般当电源电压比正常额定电压220V 降低 15%时，空调器的压缩机就启动困难；空调运转时，电源电压一般需要保证在 198V 以上。

(2) 空调器专用电路中的保险丝因容量小而烧断，或容量过大又起不到保护作用，电源插座与插头接触不良，保险丝容量过小等都是不允许的。

(3) 电源线截面积不能过小。

(4) 空调器房间家用电器过多，而电源线的容量不足，这也是不允许的。

(5) 部分地区电网电压偏低，进电内阻大，特别是使用空调器单位附近使用大功率电动机等用电设备时，往往造成电压波动范围过大。

(6) 供电部门临时停电或瞬间拉闸、报警。

2. 空调器的安装、环境及使用问题

(1) 空调器前后有障碍物，影响空气流动，降低热交换效率，从而使空调器的制冷量下降。

(2) 房间内温度过高或过低，超过空调器允许的使用温度范围。

(3) 空调器房间密闭不严，门窗未关闭，室内人员进出频繁。

(4) 室内使用发热器具，阳光直接照射空调器，环境温度高于 43℃。

(5) 冷凝器进风口与出风口的散热效率急剧下降，甚至超过压缩机的实际负荷。由于节流状态改变，而蒸发面积是一定的，吸气温度提高，在这种恶性循环状况下，会出现压缩机断续启停，或抖动停止现象。

(6) 空调器房间的面积太大或室内高度过高，而空调器的规格制冷量太小。

(7) 空调器房间内空气污浊、灰尘大，致使空气过滤网布满灰尘、污物，室内空气循环受阻，影响热交换。

10.2　空调器制冷系统故障分析与检修

空调器制冷制热的载体是制冷剂，如果系统出现漏点，制冷剂泄漏则空调制冷效果变差或完全不制冷，而空调器出现泄漏的地方只要集中在换热器的各焊接头处，毛细管焊接处、压缩机吸排气管，喇叭口、连接管等处，重点检查连接管处各接头处，找出漏点，进行补漏。

10.2.1　空调器制冷系统故障的一般检查分析方法

空调器制冷系统故障的检查，可概括为“一看、二听、三摸、四测”的故障排除四步法。

一看空调器制冷系统各处的管路有无断裂，各焊口处是否有油渍，如果有明显的油渍，说明焊口处有渗漏。对于分体式空调，可用复式压力表测一下制冷系统运行压力值是否正常。在环境温度为 30℃时，使用 R22 作制冷剂的空调系统运行压力值，低压表压力为 0.49～0.51MPa 范围内，高压表压力为 10.8～2.0MPa 范围内，空调器室外机构造如图 10.2 所示。

图 10.2　空调器室外机内部构造图

二听空调运行中发出的各种声音，区分是运行的正常噪声，还是故障噪声，即风扇电机有无异常杂音，压缩机运转是否正常等。区分运行的噪声和故障噪声是故障诊断的常用方法。如离心式风扇和轴流风扇的运行声应平稳而均匀，若出现金属碰撞声，则说明是扇叶变形或轴心不正。压缩机通过后应该发出均匀平稳的运行声，若压缩机发出“嗡嗡”声，则说明压缩机出现了机械故障。

三摸空调器的冷凝器和压缩机部分的外罩完全卸掉。启动压缩机运行 15min 后，把手放到空调器的出风口，感觉一下有无热风吹出，有热风为正常，否则为不正常；用手摸压缩机外壳是否有过热的感觉；摸压缩机高压排气管时，夏天应烫手，冬天应感觉很热；摸低压排气管应有发凉的感觉；摸制冷系统的干燥过滤器表面温度应该比环境温度高，若感觉到温度低于环境温度，并且在干燥过滤器表面有凝露现象，说明过滤器中的过滤网出现了部分“脏堵”；如果摸压缩机的排气管不烫或不热，则可能是制冷剂泄漏了。

四测空调器的电压、电流、绝缘电阻等参数。为了进一步准确判断故障部位和故障类型一般需要借助万用表检测电源电压，用兆欧表测量绝缘电阻，用钳形电流表测量运行电流值等电参量分析是否符合要求；用电子检漏仪检测制冷剂是否有泄漏现象。

我们要对看、听、摸、测等检测手段所获得的结果进行综合分析、比较，从而全面、准确地判断故障的性质与部位。如制冷系统发生泄漏或堵塞，都会引起制冷系统压力不足，造成制冷量下降。但泄漏必然引起制冷剂不足，使高压、低压都降低；而堵塞若发生在高压侧，就会出现高压升高、低压降低的现象。因此，要根据故障现象判断是漏还是堵。

制冷系统常见的故障类型有如下几种类型。

1. 制冷系统堵塞

制冷系统堵塞主要发生在毛细管及干燥过滤器处，因为这是制冷系统中最狭窄的部位，常见的堵塞原因有脏堵、冰堵和焊堵等三种。焊堵一般只发生在新装机上。

2. 制冷剂泄漏

制冷剂是空调器制冷制热的载体，如果出现制冷剂泄漏，空调器就会出现制冷差或不制冷现象。空调器出现制冷剂泄漏的部位主要集中在蒸发器和冷凝器的各焊机头部位、毛细管焊接处、压缩机吸排气管、喇叭口、连接管处。

3. 压缩机故障

压缩机是制冷系统的“心脏”，在工作时高速运转，工作温度较高，所以经常发生故障。

4. 换热器故障

蒸发器和冷凝器翘片紧紧套在铜管上，排列整齐，翘片间距均匀。如果在安装生产或使用过程中出现翘片严重，碰到变形就会影响进、出风量，降低换热器的效率甚至出现压缩机不能正常工作的现象。

10.2.2 空调器制冷系统泄漏分析

制冷系统制冷剂泄漏是空调器常见故障，如果修理不及时，就会对空调造成严重影响。一是制冷剂不足使空调器回气温度升高，压缩机得不到应有的冷却造成损坏；二是空调器在制冷剂不足的状况下运行，系统的低压测出现负压，外界空气进入制冷系统，空气中的水分、杂质及有害气体与制冷剂发生化学反应，生成盐酸等腐蚀性化合物，损坏压缩机；三是制冷系统制冷剂泄漏导致制冷或制热效果差，使空调器连续工作时间增长，不仅缩短了空调器的使用寿命，并造成经济的极大浪费。

空调器在安装时操作不严，工艺较差或所使用的管路接头、密封件质量低劣，因密封不严而产生泄漏。

制冷剂泄漏的判断方法有如下几种。

(1) 检查供液管和回气管的温度及结露情况。启动空调器在制冷方式下运行 20min，若室外机组回气阀和回气管上有凝露出现，用手摸回气管的温度明显低于供液管的温度，说明系统内制冷剂充足，空调器运行正常。若供液管结露，回气管不结露；供液管结霜；供液管及回气管均不凉说明制冷剂缺少。

(2) 测量回气阀处的压力。空调器大多使用 R22 制冷剂，使用状况大致相同，将压力表接至空调器的低压阀加液口，测其低压运行时的低压压力，正常情况下，在环境温度为 30℃时，制冷运行的低压压力为 0.45～0.55MPa，热泵型空调器在制热运行时应为 1.85MPa，若低于上述压力，则说明制冷剂不足，压力越低，说明泄漏量越大。若基本无压力，则说明制冷剂已经泄光。

(3) 充氮气加压(充入 1.5MPa 氮气)，观察两根连接管的 4 个接头，气液阀的阀杆、加液口等部位是否有油迹。如有油迹，则说明有泄漏。

(4) 使用检测仪查找泄漏的部位，然后涂上肥皂水，若有气泡出现，则为漏点。

(5) 热泵型空调器的室内机组和连接管部分的检漏，应在制热状态下运行，因为这时被检测部位处于高压状态，容易发现故障点。

查出泄漏原因和补漏后，要对整个系统进行试验检漏，确定无泄漏后再进行抽真空充注制冷剂的操作。

案例 10-1

蒸发器连接管损坏

【故障现象】

一台 KFR-32GW 型分体式空调器不制冷。

【故障分析】

向用户询问，故障现象表现为空调器不制冷。经检查室内、室外机运行正常，排除有接触不良现象。用压力表检测运行压力，发现室外机运行压力为负压，检测内、外管子接头处无漏氟现象，内机蒸发器及外机都未发现漏点，当拆下内机检查时，发现蒸发器连接管保护弹簧处有一裂缝。

【解决措施】

补焊后再次打压检测无漏点，抽真空加制冷剂后试机，故障排除。

10.3　空调器空气循环系统故障分析与检修

空调器空气循环系统是空调器的重要组成部分，它包括室内空气循环系统，室外空气冷却系统和新风系统 3 部分。

10.3.1　空调器空气循环系统的组成及功能

1. 室内空气循环系统

在室内机贯流风扇的作用下，室内空气通过过滤网除尘净化后，进入室内蒸发器进行热交换，冷却后的空气再经过风道、出风格栅吹入房间内，从而实现室内空气循环。

2. 室外空气冷却系统

壁挂机、柜机在轴流风扇的作用下，室外空气从空调器外侧的吸风口直接吹向冷凝器进行热交换，带走冷凝器散发出的热量再排出室外，使冷凝器内的气体制冷剂冷却变为液体，由此实现室外空气冷却功能。

3. 新风系统

当空调器制热或制冷时，打开新风门，室外新鲜空气便由新风门吸入，与室内空气交换混合。打开排气门，即可将室内浑浊空气通过离心风扇排出室外。

10.3.2 空调器空气循环系统的主要部件结构原理及检修

1. 轴流风扇

轴流风扇主要装于挂机室外冷凝器里侧。轴流风扇的主要功能是将室外冷凝器中散发出来的热量传送到室外。当电机驱动叶轮旋转时，风扇进口的压力降低，出口压力升高，风扇进出口之间形成一个压力差。由于压力差的存在。空气在叶轮的吹动下，沿轴方向流动，进而将冷凝器散发出的热量排出。

轴流风扇本身的常规故障，有离心风扇固定螺丝松动和轴流风扇的轮圈和叶轮变形。这个故障修理难度较大，一般需更换新件。

2. 贯流风扇

贯流风扇一般装于挂机室内蒸发器里侧，它的主要功能是将室内的空气吸入，经蒸发器冷却，进入贯流风扇，再经叶轮压缩提高气体压力，排入风道，使空气沿风道吹向室内。贯流式风机由叶轮中的叶片和调节气流的外壳组成。风机中的涡流在叶轮中形成一股旋涡，同时以这股旋涡为中心流转，使空气由进风口送到出风口，通过步进电机调整外壳风门方向变化，使空气吸入和排出。

贯流风扇常出现的故障有轴承磨损、轴承或电机支架松动偏位、叶片碰击等，导致异常，出现转动受阻或出现碰擦声等。出现故障后，先将外罩取下，再仔细观察，认真听，确定大致故障部位，进一步将故障排除。

10.3.3 空调器空气循环系统的故障检修方法

1. 观察法

(1) 观察风机的运转方向：风机的运转方向以箭头标注的指示方向为准。采用单相供电的风扇电机，在出厂时转向已定，只有采取三相电源的风机有正反转之分，遇到反转时，只需要将三相电源的任意两相对换即可。

(2) 观察风机的转速是否正常：若风机的转速明显下降，除了风机电压下降原因外，可能是轴承内有油污或缺油。碰到这种情况，应先用万用表检测电压是否正常，再检查轴承是否有卡阻现象发生。

(3) 观察风叶是否打滑：风机能够正常运转而吹不出风，大多是因为风叶紧固螺丝松动，脱离了轴的半圆面，使风叶打滑引起的。应将风叶固定孔对准轴的半圆面，并拧紧固定螺丝。

2. 倾听法

(1) 风机运转发出碰撞声：风机运转发出碰撞声，可能是风叶与风圈变型所致，或者是风叶与电机的紧固螺丝松动移位，也可能是电机轴被碰击弯曲所致。

(2) 风机运转噪声：一般是电磁噪声或轴承摩擦声。若使用几年后噪声突然增加，很可能是轴承已经严重磨损。

3. 检测法

(1) 拨动法检测风叶松动：停机后拨动风叶，若风叶与电机轴之间摆动很大，则说明有两种情况：一是风叶与电机轴固定螺丝松动；二是轴承磨损，有间隙。

(2) 手感测温法：用手触摸风机外壳体温度来判断故障所在。电动机产生的热量由外壳散热，靠风扇冷却。风机绕组所用绝缘材料多为 A、B、C 三级，其工作温度分别为 105℃，120℃，130℃，外壳温度通过风冷却后会略低于 100℃，用手触摸外壳感到剧烈发烫，但不应滴水发出响声，一旦滴水发出响声并且很快蒸发，说明风机处于过载状态或出现故障。

(3) 手感法检测风量大小：手感法检测风量大小是在空调器运动中用手感觉出风口的风量。如果发现出风量较正常偏小，一般由两种情况引起：一是室内侧空气过滤网被灰尘堵塞；二是冷凝器散热片间被灰尘堵塞。

(4) 风机抖动法检测：风机运转时触摸风机，若较正常抖动厉害，则多数是由风叶平衡性差所产生的离心力引起或风机电机轴承严重磨损等引起。

4. 嗅触法

空调器通风系统正常运行中不应该有异常气味，异常气味通常有烧焦气味和污浊气味两种。

(1) 烧焦气味：若风扇电机超负荷，电机绕组升温发热，其绝缘材料被烧焦的气味就从出风口吹出。若遇到这种情况应立即停机检查。

(2) 污浊气体：空调器在正常运行中嗅到的污浊的气味多数是由室内烟气引起，应及时清洗空气过滤网并采用换气方法或打开门窗去除。

案例 10-2

一台分体式变频空调器室内机噪声大

【故障现象】

一台 KFR-2806G 型分体式空调器内机噪声大。

【故障分析】

室内机运行时不定时发出“吱吱吱”的噪声，在开关机时噪声特别明显，将面板、面框拆下，故障现象依旧，声音从左侧轴承处发出，开始判断为左侧风叶轴承套问题，但是更换轴承套后故障依旧。继续检查，发现贯流风叶安装太靠左，风叶顶住了轴承橡胶座，运行时摩擦产生的噪声。

【解决措施】

将贯流风扇风叶向右移动 2mm 后噪声消失，故障排除。

10.4　空调器电气控制系统故障分析与检修

10.4.1　电气控制系统的基本组成

空调器的电气控制系统一般包括温度控制、制冷制热变换控制、保护控制、除霜控制等控制部分。空调器的电气控制系统主要由电源、信号输入、微电脑、输出控制和 LED 显示等电路部分组成。电源部分为整个控制系统提供电能，220V 的交流电经降压变压器输出 15V 的交流电压，再经桥式整流电路转变成直流电压，然后通过三段稳压 7805 和 7812 芯片输出稳定的 5V 及 12V 直流电压供给各集成电路及继电器；信号输入部分的作用是采集各个时间的温度，接收用户设定的温度、风速、定时等控制内容；微电脑是电气控制系统中的运算和控制部分，它处理各种输入信号，发出指令控制各个元件的工作；输出控制部分是电气控制系统的执行部分，它根据微电脑发出的指令，通过继电器或光电耦合来控制压缩机、风扇电动机、电磁换相阀、步进电动机等部件的工作；LED 显示部分的作用是显示空调器的工作状态，空调器电控板如图 10.3 所示。

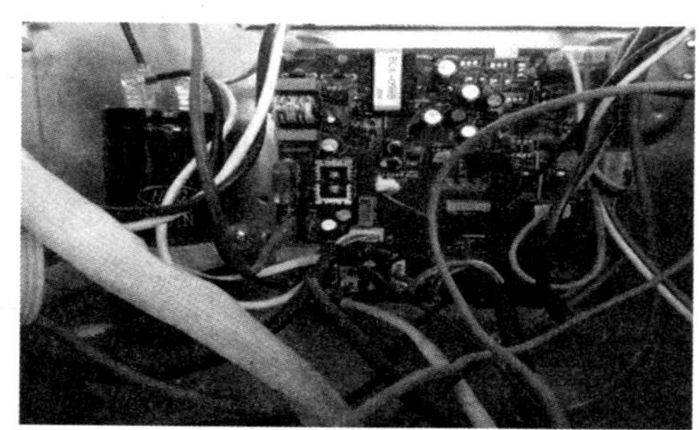

图 10.3　空调器电控板

10.4.2　电气控制系统主要电气元件

1. 风扇电动机

一般分为单相和三相两种，主要由定子、转子等组成。对风扇电动机的要求是噪声低、振动小、运行平稳、质量小、体积小，并且转速能调节。

分体式空调器室内机组和室外机组各有一个风扇电动机，分别带动离心风扇和轴流风扇。其中，室内机组多采用单相多速电动机，而室外机组一般采用单相单速电动机。

为了保护电动机，一般在其内部或外部设置外保护器。大部分分体式空调器机组的电动机都采用外置式热保护器，热保护器串联在主电源回路中，一旦电动机温升过高，热保护器就动作切断整个电路。而分体式空调室外机组的电动机一般采用内置式热保护器，当热保护器动作时只有电动机停止工作，不会影响到其他元件。导致电动机温升过高的原因主要有风扇堵转、环境温度过高及绕组短路等。在检修时，一般用万用表的 R×10 挡进行检测，采用外置式热保护器电动机的接线，测量各绕组的电阻值，如果阻值为无穷大或者为零，说明绕组已经断路或者短路。检修采用内置式热保护器的电动机时，要先确定保护器是可复性的还是一次性的。对于带有可复性保护器的电动机，应在保护器恢复后测量绕组阻值；对于带一次性保护器的电动机，其维修过程与采用外置式热保护器的电动机相同。

2. 电容器

在风扇电动机和压缩机电动机电路中都有电容器，它为电动机提供启动力矩。这些电容一般为薄膜电容，常见故障为电容器容量降低、击穿或严重漏电。检测时可用万用表的 R x1K 挡。测量前，先将电容器断开电源并用导线将电容器两端短接放电，然后将表棒分别并接到电容器两端。测量时若万用表的指针首先正向偏转一个角度，然后又慢慢退回到原处，偏转角度的大小取决于电容器的容量，则说明电容器完好；若万用表指针不动，说明电容器无容量，内部开路；如万用表指针显示阻值接近零，则说明电容器已击穿，内部短路；如指针有偏转但不能回原位，则说明电容器存在严重漏电故障。

3. 温控器

空调器的温度调节是通过温控器进行控制的。温控器又称温度继电器，有机械式及电子式两种。电子式温控器具有温控精度高、反应灵敏、使用方便等优点，因而广泛应用于微电脑控制的空调器电路中。电子式温控器一般采用全密闭封装的热敏电阻，当温度升高时，热敏电阻的阻值降低；而温度降低时，阻值升高。这样引起电路里电流、电压的变化，通过电路中的放大、比较、控制等，自动显示温度，并根据已设定的温度，自动控制空调器的工作状态，以达到控制温度的目的。电子温控器的常见故障是断路，如温度探头断落、压碎等。这时微电脑检测的温度就不正确，从而影响空调器的正常工作。机械式温控器的温度精度比电子式温控器差，一般温度调节范围为 18～32T。常用的有压力式温控器，它主要由波纹管、感温毛细管、杠杆、调节螺钉及与旋钮柄相连的凸轮组成。感温毛细管与波纹管形成一个密闭系统，内充感温剂。感温毛细管放在空调器的室内吸入空气的风口处，感受室内循环回风的温度。当室温上升时，毛细管和波纹管内的感温剂膨胀，压力上升，使波纹管伸长，推动杠杆等传动机构，此时电气开关接通，制冷压缩机运转，系统制冷，空调器吹冷风；当室温下降时，毛细管和波纹管内的感温剂收缩，压力也降低，引起波纹管收缩，杠杆等传动机构反向动作，电气触点断开，压缩机停止运动，空调器只通风不制冷。机械式温控器的常见故障是感温包内的感温剂泄漏，导致温控器不能正常工作。

4. 步进电动机

步进电动机一般用于分体壁挂式空调器的风向调节。在脉冲信号控制下，其各相绕组加上驱动电压后电动机可正、反向转动。

5. 热继电器和过载保护器

热继电器由发热元件和常闭触点组成。发热元件由双金属片和电阻丝组成，当电流超过额定电流时，双金属片因过热而发生弯曲变形，带动推杆使常闭触点动作断开，切断控制电路使压缩机停止工作，起到保护压缩机的作用。在压缩机停机后，双金属片经过一段时间冷却又恢复到原来的位置。热继电器复位有手动和自动两种方法。整定热继电器工作电流时，应使其稍大于压缩机的额定工作电流(约 1.5 倍)，若电流调得太大，压缩机过热时热继电器不动作，就容易损坏压缩机；若调得太小，会使压缩机频繁启停而不能正常工作。

过载保护器也是用来保护压缩机的，由双金属圆盘、触点、发热丝等组成。双金属圆盘的两个触点串联在压缩机电机控制电路中，当压缩机过流或过热时，双金属圆盘发热变形使触点断开，切断电路，断开电源，从而保护压缩机。

10.4.3　空调器电控系统故障判断排查步骤

1. 电控系统故障判断基本思路

(1) 根据故障现象，排除由制冷系统、送风系统等造成的故障，确定电气控制系统引起故障。

(2) 初步分析故障出自电气控制系统的哪一部分。

(3) 进一步判断出引起故障的电气元件。

(4) 最后根据具体情况排除故障，更换元件或修复故障点。

2. 电控系统故障检查方法

(1) 绝缘电阻的测试。

可以用 500 伏兆欧表检测电气部件与外壳之间的绝缘电阻，绝缘电阻应大于 2MΩ，若小于 2MΩ，说明电控系统存在漏电故障。可采取断开总电路，用逐段检测的方法，直到找出漏电部位，更换或修复故障元件。

(2) 空调供电电压的检查。

空调器正常运行时的电源电压在 220V 的±10%之内。可用万用表的交流电压挡测量，若电压过低或过高空调器均不能正常工作。

(3) 电气控制元件的检查。

一般选择万用表的欧姆挡测量选择开关和其他功能开关在各种功能操作时的相应触点是否接通，导通时电阻值应为零，不导通时阻值为无穷大，否则说明开关损坏，应进行维修更换。

(4) 电容器故障检查。

电容器常见的故障为开路、短路、漏电等几种情况。电容器损害造成的故障现象：压缩机不能启动，导致整机电流大，使电路中的熔丝烧坏或使过载保护器动作。若压缩机启动时电流过大，或嗡嗡声而不能启动运行，绝大多数是电容器损坏，已经检查确定，应及时更换。对风机或压缩机电容放电后用万用表R×1K挡测量。若指针摆动有较大幅度摆动，之后指针慢慢退回，说明电容器性能良好；若指针摆动幅度较大，不再退回或指针不摆动，可能电容器损坏，应该更坏新电容器。

(5) 温控器的检查与更换。

① 双金属片温度控制器。

常见故障：触点接触不良，内部断裂，脱焊等。

检查方法：可用万用表分别测量对应触头在室内温度给定值以下时，触头是否能接通；在室内给定值以上时触头能否断开。已经确定故障原因，可及时维修或更换。

② 感温波纹管式温度控制器。

常见故障：触头接触不良或烧毁，造成触点不能闭合而失控。

检查方法：空调器接通电源后，将温度控制器旋钮向正、反向旋转几次，观察压缩机能否启动，检查触头有无损坏，若完好，应检查温度调节螺钉是否不当引起控制失效，若是及时调整。

(6) 风扇的检查。

常见故障：叶片损坏，碰壳或接线错误。

检查方法：从外观和运行杂音分析其机械损伤；在线路检查方面，可用万用表检查绕组有无短路和开路；若电动机配置有电容器，还需检查电容器是否有故障，若电容器损坏也会导致风扇不能正常运行。

案例 10-3

空调器压缩机电容损坏

【故障现象】

制冷时，空调器压缩机一启动，电源断路器就跳闸。

【原因分析】

该空调器开机制冷时，压缩机一启动电源断路器就跳闸，检测室内机运行正常，故判断故障应该在室外机。打开室外机机壳，用万用表欧姆挡测试电源线 L，N 线两端电阻为∝，说明电源线正常，然后逐一检测室外机元器件，当检测到压缩机电容器时，发现该电容器阻值接近零，可以断定此电容器击穿短路而导致电源断路器保护跳闸。

【解决措施】

更换压缩机电容器，故障排除，开机正常运行。

知识链接 10-1

分体式空调器故障分析与排除速查表见表 10-1。

表 10-1　分体式空调器故障分析与排除速查表

故障现象	原因分析	解决措施
空调器制冷时或制热时压缩机不转动，但室外风机运转	1. 制冷时压缩机电动机故障 2. 制冷压缩机故障	1. 检测、更换电动机 2. 检测，更换压缩机
制冷运行时送风机和压缩机都不运行	1. 四通阀内部泄漏 2. 压缩机电动机绝缘不良 3. 电源熔断器损坏 4. 压缩机过流保护损坏	1. 更换 2. 测量，更换 3. 检测，更换保险丝 4. 检测，更换
制热过程中压缩机和风机都不运行	1. 室内热交换器灰尘过多 2. 室内风机转速过慢 3. 四通阀内部泄漏 4. 空调器熔断器损坏	1. 清扫灰尘 2. 更换电动机 3. 更换 4. 更换熔断器
空调器运转但室内冷却效果差	1. 制冷剂泄漏 2. 室内热交换器通风差 3. 室外热交换器灰尘多 4. 四通阀内部泄漏 5. 压缩机损坏 6. 毛细管、管路等堵塞	1. 检漏后补充制冷剂 2. 清扫灰尘 3. 清扫灰尘 4. 检测，更换 5. 检测，更换 6. 按相关检修方法给予排除

续表

故障现象	原因分析	解决措施
空调器运转有噪声	1. 机内有异物 2. 风扇与外壳相碰 3. 压缩机异音 4. 箱体振动	1. 检查，去除异物 2. 检查，调整距离 3. 检测修复或更换 4. 检查消除振动因素

本章小结

(1) 空调器由制冷系统和电气系统以及空气循环系统等组成，它的运行状态又与工作环境和工作条件有密切的关系，所以对空调器的故障分析需要从各方面综合考虑。空调器故障分析的原则一般是先简单，后复杂；先外部，后内部；先电气系统，后制冷系统的顺序来考虑。空调器的一般故障排除方法通常采用问、摸、看、听、查的办法往往简单有效。

(2) 空调器制冷制热的载体是制冷剂，如果系统出现漏点，制冷剂泄漏则空调制冷效果变差或完全不制冷，而空调器出现泄漏的地方只要集中在换热器的各焊接头处，毛细管焊接处、压缩机吸排气管，喇叭口、连接管等处，重点检查连接管处各接头处，找出漏点，进行补漏。

(3) 空调器空气循环系统是空调器的重要组成部分，它包括室内空气循环系统、室外空气循环系统和新风系统三部分。

(4) 空调器的电气控制系统一般包括温度控制、制冷制热变换控制、保护控制、除霜控制等控制部分。空调器的电气控制系统主要由电源、信号输入、微电脑、输出控制和 LED 显示等电路部分组成。

参 考 文 献

[1] 王荣起．制冷设备维修技术：中级[M]．北京：中国劳动社会保障出版社，2000．

[2] 孔维军．小型制冷设备安装与维修技术[M]．北京：化学工业出版社，2011．

[3] 陈维刚．制冷设备维修工：中级．[M]．北京：中国劳动社会保障出版社，2003．

[4] 王荣海．制冷空调设备维修[M]．北京：化学工业出版社，2012．

[5] 张新德．冰箱生产工艺[M]．北京：机械工业出版社，2010．

[6] 陈维刚．制冷空调技术一本通[M]．上海：上海科学技术出版社，2012．

[7] 刘培琴．制冷与空调设备维修技能训练[M]．北京：机械工业出版社，2012．

[8] 杜天宝．快学快修空调器[M]．福建：福建科学技术出版社，2002．

[9] 李志锋．空调器电控维修基础知识[M]．北京：机械工业出版社，2011．